先进技术研究与应用专著系列

基于小基高比的立体匹配技术研究

边继龙　李金凤　著

哈尔滨工业大学出版社

内 容 简 介

本书简要介绍了立体匹配的特点和面临的诸多挑战,从实用角度出发,深入研究了小基高比立体匹配中的匹配效率、视差准确率及高程精度等问题,并提出了相应的处理方法。本书论述内容主要包括立体匹配研究现状分析、摄像机标定和极线理论、基于积分图像的快速小基高比立体匹配方法、基于相关基本等式的视差校正方法、基于动态规划的快速立体匹配方法、基于迭代二倍重采样的亚像素级匹配方法、基于变分原理的亚像素级立体匹配方法、基于最大似然估计的小基高比立体匹配方法、基于迭代指导滤波的立体匹配方法、基于深度混合网络的立体匹配方法、基于多尺度注意力网络的立体匹配方法。本书总结了作者多年来取得的科研成果,可以使读者比较全面地了解立体匹配领域的研究进展。

本书可作为计算机视觉相关方向的本科生和研究生的学习用书,也可作为科研人员的参考资料。

图书在版编目(CIP)数据

基于小基高比的立体匹配技术研究/边继龙,李金凤著. —哈尔滨:哈尔滨工业大学出版社,2022.4(2024.6重印)

ISBN 978－7－5603－9830－3

Ⅰ.①基… Ⅱ.①边… ②李… Ⅲ.①计算机视觉—研究 Ⅳ.①TP302.7

中国版本图书馆 CIP 数据核字(2021)第 226207 号

策划编辑　王桂芝

责任编辑　王会丽

出版发行　哈尔滨工业大学出版社

社　　址　哈尔滨市南岗区复华四道街 10 号　邮编 150006

传　　真　0451－86414749

网　　址　http://hitpress.hit.edu.cn

印　　刷　辽宁新华印务有限公司

开　　本　787 mm×1 092 mm　1/16　印张 11.25　字数 267 千字

版　　次　2022 年 4 月第 1 版　2024 年 6 月第 2 次印刷

书　　号　ISBN 978－7－5603－9830－3

定　　价　78.00 元

前　言

立体匹配是计算机视觉领域中的一个关键问题,它通过一台或多台摄像机对同一景物成像获取一系列不同视角下的图像,然后在这些图像中查找对应点,获得图像中物体的几何位移,并根据几何投影原理计算出物体的三维坐标信息。立体匹配广泛应用于机器人视觉、三维重建、立体测绘及工业自动化等领域,对它的研究具有重要的理论价值和实践意义。

虽然人们已经对立体匹配技术进行了广泛深入的研究,并提出了各式各样的立体匹配方法用以解决立体匹配当中对应的问题,但是立体匹配问题的研究仍然面临着诸多挑战,例如遮挡、辐射差异、低纹理区域以及几何畸变等因素,这些因素会对匹配准确率产生较大的影响,导致难以获得精确可靠的视差图。为解决这些问题对匹配的影响,有学者提出了一种基于小基高比的立体匹配方法。在基于小基高比的立体匹配当中,小基高比可以有效减少立体像对中的遮挡、辐射差异、低纹理区域、几何畸变等因素对匹配的影响,提高匹配准确率。

本书以小基高比立体匹配为研究对象,以获得高精度的高程信息且同时有效降低算法的时间复杂度为研究目标,从实用角度出发,深入研究了小基高比立体匹配中的匹配效率、视差准确率及高程精度等问题。本书研究了小基高比立体视觉的基本原理,分析了小基高比立体视觉的可行性,同时设计实现了小基高比立体匹配方法,为计算机视觉及小基高比摄影测量提供了新方法和新思路。

全书共 11 章,内容主要包括立体匹配研究现状分析、摄像机标定和极线理论、基于积分图像的快速小基高比立体匹配方法、基于相关基本等式的视差校正方法、基于动态规划的快速立体匹配方法、基于迭代二倍重采样的亚像素级匹配方法、基于变分原理的亚像素级立体匹配方法、基于最大似然估计的小基高比立体匹配方法、基于迭代指导滤波的立体匹配方法、基于深度混合网络的立体匹配方法、基于多尺度注意力网络的立体匹配方法。本书从局部立体匹配、全局立体匹配、基于深度学习的立体匹配和亚像素级立体匹配等几个方面,对小基高比立体匹配方法进行了较为详细和全面的阐述。

本书是作者在黑龙江省自然科学基金(F2018002)、黑龙江省基本科研业务费项目(1451MSYYB001)、牡丹江师范学院青年骨干项目(QN2021004)的支持下,基于所取得的研究成果撰写而成。本书由边继龙(东北林业大学)和李金凤(牡丹江师范学院)主持撰写,其中,边继龙撰写第 1~10 章,李金凤撰写第 11 章。另外,本书在撰写过程中参阅了相关文献和书籍,向其作者致以诚挚的谢意!

由于作者水平有限,在理论和技术方面还有很多不足,还未能将更多的国内外最新成果涵盖其中,衷心希望广大读者批评指正!作者将努力在后续的工作中对该专著做进一步完善。

作 者

2022 年 1 月

于哈尔滨

目　　录

第1章 立体匹配研究现状分析

1.1 立体匹配概述

视觉是人类最重要的感觉之一,人类通过视觉感知世界并获取外部世界的各种影像数据,然后通过人脑加工形成信息,视觉是人类认知世界的主要手段之一。根据相关统计表明,人类认知的外界信息的 80% 来自于视觉。计算机视觉则是通过计算机模拟人类视觉,利用计算机对二维图像数据进行加工处理、提取信息来理解三维场景。计算机视觉广泛应用于机器人导航、航空及遥感测量、工业自动化系统等领域,有着广泛的应用前景。

在 20 世纪 60 年代初,美国麻省理工学院 Robert 首次利用二维图像数据分析了空间三维场景,这标志着计算机视觉技术的诞生。在这以前人们主要集中在二维图像分析工作,之后人们开始对计算机视觉进行了广泛深入的研究。在随后的 20 年当中,计算机视觉在基础研究中获得了许多重要进展,特别是 Marr 在 20 世纪 80 年代末创立的视觉计算理论。该理论对计算机视觉的发展起到了推动作用,从此之后计算机视觉进入了一个蓬勃发展的时期。立体视觉是计算机视觉领域中一个重要的研究课题,它通过一台或多台摄像机对同一景物成像获取一系列不同视角下的图像,然后在这些图像中查找对应点,获得图像中物体之间的几何位移,并根据几何投影原理计算出物体的三维坐标信息。一个完整的立体视觉系统通常由获取图像、标定摄像机、提取图像特征、立体匹配及计算深度等五大部分构成。立体匹配则是立体视觉系统当中最重要而且也是最难于解决的一个环节,它主要解决如何将真实场景中的点在两幅或多幅图像中的投影点对应起来,即如何为参考图像中的每一待匹配点在其匹配图像中准确找出对应点,如何计算出它们之间的位置差异(即视差)。随着科学技术水平的不断进步,对立体匹配方法的研究也越来越广泛,一开始由于受硬件条件的限制立体匹配方法主要集中在基于图像特征的稀疏匹配,后来随着计算机硬件速度的不断提高,立体匹配方法也随之发展到了基于灰度信息的稠密匹配,接着又从基于局部的立体匹配方法发展到了基于全局的立体匹配方法,然后随着图形处理器(Graphic Processing Unit,GPU)的出现,立体匹配方法又从串行处理方式发展到了并行处理方式,其性能在不断提高,理论也在不断发展与完善。

立体像对生成过程如图 1.1 所示,图中分别展示了用飞机和卫星对城市中高楼进行成像的过程。在用飞机进行航拍时,飞机飞行的高度 H 较低,两次成像时的距离 B(即基线)较大,在这种条件下生成的立体像对称为大基高比立体像对。飞行距离较远即基线较宽,会导致光照条件发生较大变化,造成立体像对中存在较大辐射差异,而且两次成像的视角变化较大导致了立体像对间存在较多的遮挡及较大的几何畸变。大基高比立体像对如图 1.2(a) 所示,在该立体像对中高楼产生了较大的倾斜,由此产生了较大的几何畸变,而且楼宇附近的矮型建筑也会被遮挡。当使用卫星获取立体像对时,成像高度高,基

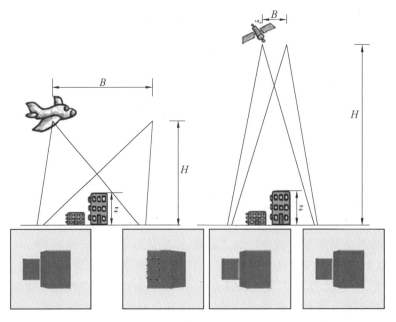

图 1.1　立体像对生成过程

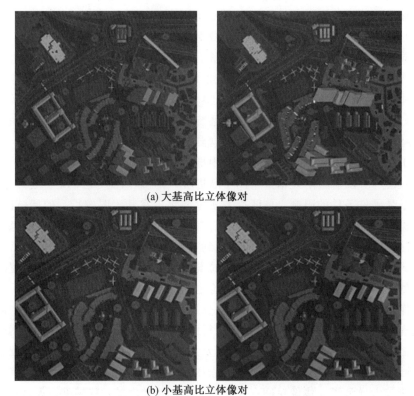

(a) 大基高比立体像对

(b) 小基高比立体像对

图 1.2　大、小基高比立体像对对比示意图

线窄,在这种条件下生成的立体像对称为小基高比立体像对。小基高比立体像对由于成像间隔小,可认为成像时的光照条件近似一致,立体像对之间辐射差异较小,而且较小的拍摄视角可以大量减少物体遮挡和几何畸变。小基高比立体像对如图1.2(b)所示,在该立体像对中高楼倾斜较小,几何畸变也因此相对较小,楼宇对矮型建筑的遮挡也相对较小。根据成像时基高比的大小,立体匹配方法可分为大基高比立体匹配方法和小基高比立体匹配方法。当视差精度一定时基高比越大深度误差越小,因此在立体观测中大多选择大基高比立体匹配方法以减少因视差精度不够而导致深度误差的增加。但大基高比立体匹配方法对立体像对中的遮挡、辐射差异、几何畸变及阴影的鲁棒性很差,经常导致大量的误匹配,致使计算结果难以满足实际应用要求。为减弱上述因素对匹配产生的不利影响,小基高比条件下的立体匹配方法应运而生。在小基高比立体匹配中,小基高比能有效减少立体像对中的遮挡、辐射差异、几何畸变及阴影对匹配的影响,提高立体匹配的准确率。

随着空间技术、信息技术和传感器技术的飞速发展,遥感影像在分辨率方面有了很大提高。深入研究高分辨率遥感影像的处理技术,有效地完成空间三维信息的快速获取与更新,已成为当前遥感、数字摄影测量、地理信息系统及相关学科的重点研究领域。常用的三维感知和测距技术分为主动和被动两类,前者使用专门的光源装置提供目标物体的照明,后者则使用物体本身的自然反射光线。

（1）主动测距技术。

主动测距技术的基本思想是利用特定的、人为控制的辐射源（光源、声源等）对景物目标进行照射,根据物体表面的反射特性及光学、声学特性来获取目标的三维信息。其特点是具有较高的测距精度、抗干扰能力和实时性。具有代表性的方法有检测时间差和相位差的雷达观测法、光投影法和干涉波纹法等。

（2）被动测距技术。

被动测距技术是目前研究最多、应用最广的一种距离感知技术,其不需要人为地设置辐射源,只利用场景在自然光照下的二维图像来重建景物的三维信息,具有适应性强、实现手段灵活、造价低的特点。但是,这种技术是由低维信号计算高维信号,因而需克服的困难很多。对它的研究涉及视觉心理和生理学、数学、物理学以及计算机科学等学科的内容,是计算机视觉最为活跃的领域之一。

立体视觉是计算机被动测距技术中最重要的距离感知技术,它模拟人类视觉处理景物的方式,可以在多种条件下灵活地测量景物的立体信息。立体视觉中最为关键的部分是进行多幅视觉图像的对应点（基元）匹配问题,即立体视觉匹配,简称立体匹配。立体匹配算法就是在两幅图像的匹配点（基元）之间建立对应关系的过程,它是立体视觉系统的关键。实际上,任何计算机视觉系统中都包含一个作为核心的匹配算法,因而对于匹配算法的研究是极为重要的。

1.2 基础知识及理论

1.2.1 立体视觉基本原理

立体视觉的基本原理就是通过同一场景点在不同像平面上投影点的位置差异（即视差）计算场景点到摄像机光心的距离。立体视觉模型如图 1.3 所示，图中，C 和 C' 分别表示两个摄像机的光心，B 表示摄影基线长度，u 和 u' 分别表示这两个摄像机的像平面，f 表示摄像机的焦距，H 表示摄像机距离地面的高度，h 表示物体高度，M 和 N 表示三维世界中的场景点，m、m' 和 n' 分别表示这些场景点在这两个像平面上的像点。由于场景点 M 和 N 在像平面 u 中的像点重合，因此像点 m 和 m' 的视差等于像平面 u' 中 m' 和 n' 之间的距离 δ。

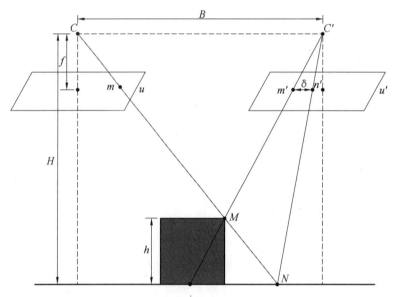

图 1.3 立体视觉模型

根据三角形相似原理有如下关系式成立：

$$\Delta = \frac{H}{f}\delta \tag{1.1}$$

$$\Delta = \frac{B}{H-h}h \approx \frac{B}{H}h \tag{1.2}$$

如果 r 表示像平面中的像素大小，则这个像素被投影到地面上的大小可表示为

$$R = \frac{H}{f}r \tag{1.3}$$

通过将式(1.1)、式(1.2)及式(1.3)联立起来，可获得如下深度计算公式：

$$h = \delta R \left(\frac{B}{H}\right)^{-1} \tag{1.4}$$

根据式(1.4)可以看出，深度 h 的精度与视差精度和地面分辨率 R 成正比，与基高比

B/H 成反比。视差精度由像素大小所限制,地面分辨率由硬件设备所限制,当这两个因素确定时,改进深度精度的唯一方法就是增加基高比的大小。正是由于这个原因,在立体匹配中大量文献都集中于大基高比立体匹配,在这种情况下不需要亚像素级视差精度就可以获得合理的深度估计。在大基高比立体像对中存在以下几个不利条件增加了匹配难度,导致了大量的误匹配。首先,在大基高比立体匹配中会存在更多的遮挡,这些遮挡只存在于一个图像当中,在另一个图像中没有相应的对应点,导致立体匹配方法无法正确计算这些区域的视差;其次,在大基高比立体像对中,由于成像时摄像机的间距大,因此光照条件发生了改变,使立体像对间存在较大的辐射差异及阴影,同时也会导致场景中移动对象产生较大的位置变化,这些因素都会增加匹配的难度;最后,大基高比也会导致立体像对间存在较大的几何畸变。综上所述,遮挡、辐射差异、几何畸变及阴影等因素会使搜索可靠的匹配点变得更加困难,而且更容易产生误匹配。在小基高比立体匹配当中,小基高比能有效减少这些因素对匹配产生的不利影响,提高匹配的准确率。然而根据深度计算公式(1.4)可以看出,较小的基高比会造成较大的深度误差,因此在小基高比立体匹配中必须获得亚像素级视差以减少深度误差。

立体匹配要求获取立体像对的摄像机具有完全一样的焦距及内部参数,而且摄像机的光轴垂直于成像平面,x 轴相互重合,y 轴相互平行,这样的立体视觉模型如图1.3所示。在这样的系统配置下获得的立体像对具有一个重要特征即极线与扫描行重合,对应点的搜索只需在相同的扫描行上进行。如果不是这种立体视觉系统获取的立体像对,在匹配之前则需要对立体像对进行极线校正,使其对应点位于同一扫描行上。

1.2.2　小基高比相关概念

小基高比立体匹配是立体匹配当中的又一研究方向,主要解决大基高比立体匹配当中存在的问题,例如遮挡、辐射差异和几何畸变等。基高比是指摄影基线长度与摄站高度之比。摄影基线是指在利用一台摄像机对场景进行成像时,摄像机连续两次曝光瞬间镜头中心间的距离,一般由曝光时间间隔控制;当利用两台摄像机对场景进行成像时,是指两台摄像机镜头中心间的距离。如图1.3所示,镜头中心点 C 和 C' 之间的距离 B 表示摄影基线长度。摄站高度是指镜头中心沿铅垂线到地面的距离,即相对航高,图1.3中,H 表示的是摄站高度。基高比决定立体像对中遮挡、辐射差异和几何畸变的多寡。基高比越大,遮挡、辐射差异和几何畸变越大,从图1.2(a)所示大基高比立体像对中可以看出,高楼产生较大的倾斜,进而导致了较大的几何畸变,这种倾斜还导致高楼附近的小型建筑被遮挡,大基高比一般是指基高比比值大于0.6。基高比越小,遮挡、辐射差异和几何畸变越小,从图1.2(b)所示小基高比立体像对中可以看出,高楼仅产生较小的倾斜,存在较小的几何畸变,小倾斜还可以进一步减少高楼对附近小型建筑的遮挡,小基高比一般是指基高比比值小于0.6。

小基高比配置自然能产生更加精确的视差,然而小基高比立体视觉仅在具体的获取条件和匹配方法下才有意义。首先,需要精确地了解和校准获取设备;其次,图像的采样频率必须得到控制,即图像应该具有有限的带宽。目前许多立体匹配方法计算的视差都是整数级别,这对于许多应用而言是完全足够的,但是对于小基高比立体视觉而言整数级别的视差是远远不够的。实际上当使用小角度配置对场景进行成像时,立体像对之间产生的几何视差可能非常小,甚至这些视差可能小于一个像素,此时像素级别的立体匹配方法不能获得任何有意义的深度信息,因此在小基高比立体视觉当中要求匹配方法能够获得亚像素级视差。

1.2.3　立体匹配步骤

Scharstein D 等人提出将立体匹配方法分为四个步骤。

① 匹配代价计算(matching cost computation)。

② 代价累积(cost aggregation)。

③ 视差计算(disparity computation)。

④ 视差求精(disparity refinement)。

目前大多数立体匹配方法都可以划分为上述四个步骤,然而这些步骤的实际顺序要根据具体方法而定。对于局部立体匹配方法而言,某一给定点的视差计算仅取决于局部窗口内的灰度值,这些方法通常隐含假设空间曲面是缓慢变化即"前视平坦"的假设。这些方法当中的一部分方法可以清晰地划分为前三步。以传统的基于平方差和(Sum of Squared-Differences,SSD)方法为例,它可以描述为以下三步。

① 匹配代价为对应点灰度差的平方。

② 在固定大小的矩形窗口上为每一待匹配点累积原始匹配代价。

③ 通过"胜者全取"(Winer-Take-All,WTA)计算视差。

然而有些立体匹配方法使用了基于支撑窗口的匹配代价,这些方法在计算原始匹配代价的过程中把第 ① 步和第 ② 步组合起来,因此不需要专门的代价累积过程,例如基于规范互相关方法和基于秩变换方法。全局立体匹配方法则是通过最小化由数据项和平滑项组成的全局能量函数求解最优视差函数,该方法往往仅在视差计算这步不同于局部立体匹配方法。全局立体匹配方法在视差计算这一步采用一些优化算法进行求解视差,如模拟退火(Simulated Annealing,SA)、遗传算法(Genetic Algorithm,GA)、置信传播(Belief Propagation,BP)、动态规划(Dynamic Programming,DP)和图割(Graph Cut,GC)算法等。

1. 匹配代价计算

匹配代价计算是立体匹配方法的基础,它描述了两个不同像点的相似性或者不相似性,匹配代价也因此可分为基于相似性的匹配代价和基于不相似性的匹配代价。在基于相似性的匹配代价当中,匹配代价越大,表明这两个像素点的相似程度越高,反之匹配代价越小,表明像素相似程度越低;而在基于不相似性的匹配代价中,匹配代价越小,表明相似程度越高,匹配代价越大,表明相似程度越低。在立体匹配当中,匹配代价计算取决于匹配度量的选取。根据匹配代价的不同,匹配度量可分为基于相似性的匹配度量和基于不相似性的匹配度量。在立体匹配当中用以计算匹配代价的匹配度量可大致分为六大类,分别是基于互相关的匹配度量、基于经典统计的匹配度量、基于图像梯度场的匹配度量、基于非参数转换的匹配度量、基于健壮统计的匹配度量和基于像素级别的匹配度量。

（1）基于互相关的匹配度量。

基于互相关的匹配度量以统计互相关函数为基础，计算左右支撑窗口内对应像素点的互相关系数，这类度量包括归一化互相关（Normalized Cross Correlation，NCC）和零均值归一化互相关（Zero Mean Normalized Cross Correlation，ZNCC）。相似性度量 NCC 是立体匹配当中的一种标准度量，该度量具有增益不变性（gain invariance property）的特点，对立体像对间的辐射差异具有较强的鲁棒性。然而由于在计算 NCC 过程中受到离群点（outliers）的影响，该方法经常导致视差图中的深度不连续区域趋于模糊。相似性度量 ZNCC 是 NCC 的中心化版本，该度量具有增益偏差不变性（gain and bias invariance property）。当立体像对中的辐射差异近似线性关系时，该度量比 NCC 更有效。

（2）基于经典统计的匹配度量。

基于经典统计的匹配度量是一种不相似性度量，这类度量主要包括基于经典距离（classical distance）的匹配度量、基于局部缩放距离（Locally Scaled Distances，LSD）的匹配度量和基于统计方差（statistical variance）的匹配度量。利用距离函数计算支撑窗口间不相似性的原理就是把这两个局部支撑窗口视为 $\mathbf{R}^{N_W}$ 维空间中的点，然后根据度量空间的距离概念计算它们之间的不相似性。实质上，这类匹配度量的计算就是计算支撑窗口间对应点灰度差的 L_P 范数，主要包括绝对差和（Sum of Absolute Differences，SAD）L_1、平方差和（Sum of Squared Differences，SSD）L_2 和无穷范数 D_∞（即 L_∞）。通过对上述距离度量进行中心化处理可以获得该类距离度量的中心化版本即零均值距离，这类度量具有偏差不变性（bias invariance property）的特点。其中心化距离度量主要包括零均值绝对差和（Zero Mean Sum of Absolute Differences，ZMSAD）和零均值平方差和（Zero Mean Sum of Squared Differences，ZMSSD）。这些距离也可以被归一化，使之成为归一化距离，通过归一化处理之后这些距离具有了增益不变性。这类距离度量主要包括归一化绝对差和（Normalized Sum of Absolute Differences，NSAD）和归一化平方差和（Normalized Sum of Squared Differences，NSSD）。最后通过对距离度量进行中心化与归一化处理使之成为零均值归一化距离，该类距离具有增益偏差不变性。基于 LSD 的匹配度量是首先用匹配窗口内的每一像素点乘支撑窗口间的均值比，使这两个支撑窗口具有相同的均值，然后计算支撑窗口间的 L_P 范数。这样的距离度量主要包括局部缩放绝对差和（Locally Scaled Sum of Absolute Differences，LSSAD）和局部缩放平方差和（Locally Scaled Sum of Squared Differences，LSSSD）。基于统计方差的匹配度量是一种基于不相似性的匹配度量，该匹配度量对支撑窗口间对应点的灰度差或其灰度差绝对值的 P 次幂进行统计以计算其方差作为匹配代价。

（3）基于图像梯度场的匹配度量。

基于图像梯度场的匹配度量是以图像的梯度信息（梯度方向或梯度数量）为基础，然后利用上面介绍的基于统计的匹配度量计算对应点之间的匹配代价。图像的梯度场是由图像中每一点的梯度矢量构成，矢量方向指向图像灰度函数变化最快的方向，矢量数量则表示沿这个方向的变化率。计算梯度信息时所使用的滤波主要涉及 Pratt 滤波、Sobel 滤波、Kirsch 滤波及高斯拉普拉斯（Laplacian of Gaussian，LoG）滤波。

　　(4) 基于非参数转换的匹配度量。

　　计算基于非参数转换的匹配度量首先要对图像进行非参数变换,获得转换后的图像,然后在转换后的图像上计算对应点之间的匹配代价。这类度量主要包括基于 Rank 转换的匹配度量、基于 Census 转换的匹配度量和基于 Ordinal 转换的匹配度量。

　　(5) 基于健壮统计的匹配度量。

　　基于健壮统计的匹配度量主要解决支撑窗口上存在遮挡的情况,它对遮挡具有较强的鲁棒性。 这类度量主要包括基于部分相关的匹配度量、伪范数和基于稳健估计(M-estimators) 的匹配度量。

　　(6) 基于像素级别的匹配度量。

　　基于像素级别的匹配度量直接根据对应点之间的灰度差计算匹配代价,并没有考虑待匹配点周围邻域的像素。这种匹配度量主要包括灰度差平方、灰度差绝对值及二者的截断阈值版本。

2. 代价累积

　　立体匹配的目标是针对参考图像中的每一像素点 p,根据相似性度量函数计算视差分布函数 $F_p(d)$,该函数会在真实视差处产生一个极小值点。在给定观测图像对的情况下,可以根据单个像素间的匹配误差直接为任意像素点 p 计算初始视差分布函数,然而这种计算方式常常会因传感器噪声、匹配模型的不确定性、场景中的重复纹理区域、光照变化及非朗伯平面等因素导致视差计算错误。因此利用这种方式计算的视差分布函数鲁棒性较差,不适合应用于立体匹配计算当中。为获得高鲁棒性的视差分布函数,经常需要在支撑窗口上累积匹配代价,累积后的匹配代价也称窗口成本。在匹配代价累积过程中最困难的莫过于确定支撑窗口大小,一方面支撑窗口要尽可能的大,以便包含足够可以获得可靠匹配的灰度变化信息;另一方面支撑窗口也要足够的小,以保证窗口内所有像素点的视差近似相等,避免窗口跨越视差边界。理想的窗口大小应该根据立体像对中每一点的局部结构信息自适应地发生改变,对于弱纹理区域应选择较大的匹配窗口,而对于几何细节丰富的区域应选择较小的匹配窗口。随着窗口大小的增加,视差图中弱纹理区域的视差会更加可靠,但物体边界处的视差会变得模糊。目前还没有一个很好的办法能够在它们之间寻找一个很好的平衡,使视差图在低纹理区域更可靠而视差边界没有被模糊。因此,选择一个合适的支撑区域累积匹配代价依然是立体匹配当中的一个热点问题。到目前为止,代价累积方法主要分为基于固定窗口的代价累积方法、基于多窗口的代价累积方法、基于自适应窗口的代价累积方法、基于图像分割的代价累积方法、基于自适应权重的代价累积方法、基于迭代传播的代价累积方法和其他代价累积方法。下面将详细阐述这些方法。

　　(1) 基于固定窗口的代价累积方法。

　　基于固定窗口的代价累积方法是最简单的代价累积方法,也称盒式滤波方法,该方法首先选择一个以待匹配像素 p 为中心的矩形窗口,然后将视差 d 赋予像素 p 时的匹配代价计算为把视差 d 赋予矩形窗口内所有像素时的平均代价。这个基于矩形窗口的累积方法隐含假设窗口内所有像素点的视差都与窗口中心点的视差相似,即符合“前视平坦”假设。该方法在深度不连续的边界附近匹配效果较差,这是因为支撑窗口在此区域违背了

"前视平坦"假设。

（2）基于多窗口的代价累积方法。

为了更好地解决这些深度不连续区域的匹配问题，有学者提出了基于多窗口的代价累积方法。该方法是在一组预定义的窗口集中根据某一匹配度量选择一个具有最优匹配代价的支撑窗口。最优支撑窗口在参考图像的每一位置上不断变化以适应该匹配点的局部特征，从而更好地解决深度边界处的匹配问题。Veksler 等人提出一种基于移动窗口的累积方法，该方法首先定义一个由窗口内的平均误差、窗口内的误差方差及优先选择大窗口的偏差项组成的匹配度量函数，然后根据该度量函数在预定义的窗口集中选择一个最优支撑窗口。另一些流行的方法是 Veksler 等人所提出方法的简化版本，这些方法对于每个像素点仅估计少数几个不同的支撑窗口（例如，窗口中心在矩形窗口的四个角、四条边的中心位置及窗口正中央一共九个位置），并且保留具有最优代价的支撑窗口。基于多窗口思想的一个扩展方法也被相应地提出来，该扩展方法是从周围的众多矩形窗口中选择几个窗口并且计算它们的平均代价作为最终的匹配代价。通常这类方法仅改变窗口形状，窗口大小保持恒定不变。由于这类方法的窗口形状随着待匹配点的局部特征而变化，因此该类方法在视差不连续处的匹配效果要优于固定窗口。然而这类方法不能有效解决低纹理区域的匹配，这是因为窗口大小是固定不变的，从而导致在低纹理区域内不能包含足够的灰度变化范围以获得可靠的匹配。

（3）基于自适应窗口的代价累积方法。

对于固定的矩形窗口和多窗口方法而言，支撑窗口的大小是固定的并且很难选择。理想的窗口大小应该随着匹配像素周围邻域的几何结构信息而变化，在图像的弱纹理区域应该选择较大的支撑窗口，在几何纹理丰富区域应该选择较小的支撑窗口。为了这个目标，有学者提出了基于自适应窗口的代价累积方法，该方法根据待匹配点周围邻域的局部信息自动选择最优窗口的大小和形状。Boykov 等人首先给定某一视差 d，然后根据概率可行性计算参考图像中每一像素点在该视差假设 d 下的可行性；然后为每一像素点 p 计算包含该像素点 p 的最大可行性的连通分量，连通分量中的所有像素点相对于视差 d 而言都是可行的；最后该最大连通分量即为像素点 p 在视差假设 d 下的支撑窗口。Kanade 及周秀芝等人通过高斯模型描述支撑窗口内的视差分布，利用该模型和初始视差计算视差估计的不确定度，然后针对图像中的每一像素点，沿上、下、左、右四个方向扩展支撑窗口，最后选择一个具有最小不确定度的支撑窗口。Veksler 等人在一类紧致（compact）窗口上通过最小比例环（Minimum Ratio Cycle，MRC）算法选择一个最优支撑窗口。Gong 等人提出一种基于图像梯度指导的自适应累积方法，该方法首先使用边缘检测代替彩色分割确定彩色不连续边界，然后分别在水平方向和垂直方向上根据彩色边缘的相对位置使用不同的滤波累积匹配代价。Tang 等人提出一种基于边缘检测的自适应窗口方法，该方法假设如果在支撑窗口内没有边缘可以抽取，则支撑窗口内的这些像素位于同一视差平面上。当支撑窗口内缺少纹理信息时，该方法根据支撑窗口内的纹理信息确定一个更大的支撑窗口以获得可靠的匹配，即增加支撑窗口大小直到窗口内的纹理信息超过给定的阈值或者超过最大允许的支撑窗口。Yoon 等人利用边缘信息自适应地为每一像素点计算支撑窗口，它不断增加支撑窗口大小直到窗口内包含足够的纹理信息或者窗口边界遇到边缘图为止。Zhang 及 Lu 等人提出一种基于"十字"的自适应窗口累积方法,该方法首先针对参考图像中的每一像素点自适应地构建一个"十字"形的局部支撑骨架,该骨架带有上、下、左、右四个可以改变的臂长,其臂长取决于彩色相似性和连通性限制;然后在此基础上动态构造一个自适应形状的支撑区域。Wang 等人提出一种基于辐射计算的自适应窗口方法,针对任意像素点该方法首先确定一条以该像素点为起点的射线,像素的支撑权重取决于这条射线上的像素,沿着该射线如果存在视差确定性较高的像素,那么其后的像素对中心像素的贡献量将减少;然后根据计算的支撑权重沿着中心像素点的任一射线扩展支撑窗口,如果支撑权重小于给定的阈值或者窗口超出允许的最大支撑窗口,则停止扩展。

(4)基于图像分割的代价累积方法。

在许多情况下,场景中的深度不连续边界也是彩色不连续边界。基于这一特点,Hai、Zhang、Tombari 及 Hosni 等人提出一种基于图像分割的代价累积方法,该方法根据输入图像的分割结果确定支撑窗口的大小和形状。这些方法在同一分割块内像素视差一样时能产生很好的结果。然而这些方法要求把彩色分割作为先验信息,这影响了算法在实时立体匹配当中的应用。

(5)基于自适应权重的代价累积方法。

基于自适应权重的代价累积方法通常采用固定的支撑窗口,然后通过调整支撑窗口内像素点对中心点的贡献量执行代价累积。该方法主要根据一些先验假设为窗口内的像素点计算权重以支持窗口内可能与待匹配点具有相同视差的像素。Yoon 等人根据参考点与当前点的空间距离与色彩距离为每一点赋予相应的权重,其原理是与参考点距离较近的点和参考点具有相同视差的概率大,应赋予较大的权重;同理,与参考点色彩相似的点和参考点具有相同视差的概率也很大,也应赋予较大的权重。窗口内每一像素的支撑权重都是基于与中心像素的彩色距离和欧氏距离。实验结果显示该方法可以有效提高立体匹配的准确率,其实验结果接近于全局立体匹配方法。Gerrits 及 Tombari 等人通过图像分割改进了 Yoon 等人提出的权重计算,它们假设深度不连续与彩色边界一致,然后根据这一假设以参考图像的分割信息作为先验信息指导代价累积过程,通过减少属于该支撑窗口但不属于同一分割的像素点的权重来达到减少它们对匹配代价的影响。Mattoccia 及 Li 等人提出一种改进的自适应权重累积方法,该方法首先把支撑窗口分割成许多个子窗口,然后分别为每一子窗口内的像素点计算支撑权重。子窗口内每一像素点的空间权重为该子窗口中心点到整个窗口中心点的欧氏距离,值域权重为该子窗口的平均灰度与整个窗口中心点的彩色距离。De Maeztu 等人提出一种基于梯度相似性的自适应权重累积方法,该方法根据 Yoon 等人所提出的自适应权重方法累积基于梯度信息的匹配代价。Li 等人提出的自适应代价累积方法,在权重计算过程中,不仅考虑了空间距离与色彩距离而且也把参考图像的结构张量引入权重计算当中,它实际上是对 Yoon 等人提出方法的一种扩展。Heo 等人提出一种基于自适应规范互相关的代价累积方法,该方法首先介绍一种对立体像对间的辐射变化不敏感的基于对数色度(log-chromaticity)规范的匹配度量,然后采用了 Yoon 等人提出的权重计算方法对匹配代价进行累积。上述自适应权重方法的共同缺陷在于计算复杂度高,运行时间接近全局立体匹配方法。最近,Richard 等人通过联合双边网格(dual-cross-bilateral grid)技术加速了 Yoon 等人提出的自适应权重累积过程。Wang 及 Chang 等人提出一种可分的两过程实现方式实现了对 Yoon 等人提出的自适应权重累积方法的加速,该方法首先沿着水平方向进行一维累积,然后在垂直方向上再进行一遍一维累积。这些加速方法使自适应权重方法不但具有较高的匹配准确率而且也具有较快的匹配速度。Hosni 等人所提方法首先为支撑窗口内所有像素计算它们到窗口中心的测地(Geodesic)距离,然后给具有较小 Geodesic 距离的像素点赋予较高的支撑权重以便在匹配过程中给出较大的影响。如果像素点到窗口中心的 Geodesic 距离较小,则表明在它们之间存在这样一条路径,即这条路径上所有像素点的颜色变化相对较小。因此具有较小 Geodesic 距离的像素点和窗口中心点应该具有相同的视差,应给出较大的支撑权重。

(6) 基于迭代传播的代价累积方法。

基于迭代传播的代价累积方法是在不同视差假设上根据传播等式迭代传播支撑,并且根据当前视差估计质量控制局部传播数量。支撑区域随着迭代次数的增加而不断增长,增加累积次数将有助于恢复非纹理区域,但是太多的累积次数可能会导致在深度不连续处产生"黏合"现象。因此,适当的迭代次数和局部停止准则对这类方法而言是非常重要的。Scharstein 等人首先提出了基于迭代传播的代价累积方法,在该文献中给出三种传播方法:简单的传播方法、基于薄膜(membrane)模型的传播方法和基于马尔可夫随机场(Markov Random Field,MRF)的传播方法。为防止迭代次数过多而导致视差边界模糊,这里根据视差列中的视差分布情况对局部传播过程进行了控制。Yoon 等人所提的代价累积方法属于简单的代价传播方法,该方法通过在像素点邻域内简单求取代价函数的权重平均进行传播。De Maeztu 等人提出一种基于 Geodesic 的传播方法,该方法对权重和代价同时进行传播,并且每次迭代时都对每一像素点的权重平均代价进行累积,迭代完成之后将每一像素点的累积代价除以累积权重获得最终代价。Min 等人所提方法首先定义一个关于代价函数的能量函数,然后使用非线性传播滤波求解该能量函数的极小值恢复其代价函数,该方法不同于其他基于迭代传播的代价累积方法,其他方法是通过传播代价函数达到累积的目的,而该方法是通过传播恢复真实代价函数。

(7) 其他代价累积方法。

其他代价累积方法还包括基于 Rod 的代价累积方法和基于路径的代价累积方法。Kim 等人提出了一种基于 Rod 的代价累积方法,该方法假设场景中斜面和前视平坦平面的交线接近直线,然后沿着不同方向的线段累积代价,该方法可以更好地解决立体匹配当中的斜面问题。Mozerov 等人所提方法首先沿着行方向根据向前和向后两过程动态规划方法获得经过每一像素视差对的最优代价路径,然后沿着列方向再执行一次向前和向后两过程动态规划方法,最后根据这些最优代价路径计算最终代价。Hirschmuller 所提方法针对视差空间图中的每一像素视差对(p,d),将来自于各个方向以 p 点为端点的所有最小代价路径的代价进行求和作为该像素视差对的累积代价。

以上是对目前立体匹配方法当中出现的累积方法的详细分类和汇总。在这些方法当中,自适应权重方法可以获得较好的匹配效果,其实验结果可以接近于全局立体匹配方法,然而该类方法的高时间复杂度则是一个瓶颈。如何利用自适应权重方法实时获得累积代价将成为以后的一个研究热点。

3. 视差计算及视差求精

视差计算是立体匹配当中的又一步骤。根据该步骤选择的算法不同,立体匹配方法可以分为局部立体匹配方法和全局立体匹配方法。对于局部立体匹配方法而言,视差计算这步非常简单,只是为每一像素点简单选择一个具有最优匹配代价的视差,该方法也被称为局部"胜者全取"优化。相比之下,全局立体匹配方法在该步骤中会根据全局优化算法选择一个能最小化全局能量函数的视差函数。局部立体匹配方法仅对参考图像施加了唯一性限制,而没有对匹配图像施加唯一性限制,因此匹配图像中的像素点可能会获得多个匹配像素点。

由于大部分立体匹配方法都是在离散空间内计算视差值,因此获得的视差都是离散的整数级视差,这对于小基高比立体匹配应用而言是不够的。在立体匹配当中深度的精度和基高比成反比关系,基高比越小深度误差越大。因此,对于小基高比立体匹配而言,需要在初始整数级视差估计完成之后,应用一个亚像素级匹配过程获得亚像素级视差以弥补这部分损失。除了亚像素级视差计算以外,在视差求精步骤当中还包括一些视差后处理方法,例如可以通过左右一致性验证检测遮挡,通过中值滤波清除误匹配,还可以通过曲面拟合和传播邻域视差取代那些不可靠视差。

1.2.4　立体匹配约束

立体匹配是一个病态问题,具有不适定性,其具体表现为参考图像中的待匹配点,在匹配图像中通常存在多个具有相同匹配代价的匹配点。因此,为了获得唯一一个正确的候选匹配点,则需要对匹配过程施加额外的信息和约束。本小节将对当前立体匹配方法中经常使用的约束进行总结。

(1) 极线约束(epipolar constraint)。

极线约束是指左图像像素点的对应点一定位于右图像中相应的极线上,反之右图像像素点的对应点也一定位于左图像中相应的极线上。由于正确的匹配点位于相应的极线上,因此查找匹配点仅需要在相应的极线上进行,不需要搜索整幅图像。对于经过极线校正的立体像对,只需要在相同的扫描行上搜索,通过该约束把对应点搜索问题从二维搜索变成一维搜索,这可以在很大程度上减少计算量。

(2) 唯一性约束(uniqueness constraint)。

唯一性约束是指一幅图像上的像素点在另一幅图像上有且仅有一个对应点或者没有对应点。没有对应点的像素称为遮挡像素,这些遮挡像素构成了匹配中的遮挡,左图像中连续未匹配区域称为左遮挡,右图像中的连续未匹配区域则称为右遮挡。

(3) 平滑性约束(smoothness constraint)。

平滑性约束是指视差图中除遮挡和视差不连续区域之外,其他局部区域都是处处平滑的。该约束建立在空间中,场景都是由平滑曲面构成的,然而在遮挡边界和物体边缘处此假设往往不能成立。

(4) 相容性约束(compatibility constraint)。

相容性约束是指同一场景点在不同图像上的投影点应该具有相似的灰度值。基于朗伯反射模型,不同像平面上来自于同一场景点的对应点应该具有相同或者相似的灰度值。但是成像时光照条件和传感器噪声的影响使它们具有相似但不相同的灰度值。

(5) 次序性约束(ordering constraint)。

次序性约束是指对于一幅图像中位于同一极线上的一系列像素点,它们的对应点在另一幅图像的相应极线上而且具有相同的次序。

(6) 左右一致性约束(left-right consistency constraint)。

左右一致性约束意味着匹配过程是一个对称过程。当以左图像为参考图像,以右图像为匹配图像搜索对应点时获得了一组共轭对,如果交换左右图像的角色即以右图像为参考图像而以左图像为匹配图像再次搜索对应点时获得的应是同一共轭对,即正向搜索时点 p 的对应点为点 q,反向搜索时点 q 的对应点为点 p。在立体匹配中,遮挡会导致匹配过程不对称,对应点不满足左右一致性约束,因此该约束可用于检测立体匹配中的遮挡。

(7) 相位约束(phase constraint)。

相位约束是指在傅里叶变换域上对应点之间应具有相等的局部相位。该约束是基于相位立体匹配方法的核心,而且利用相位差计算视差可以直接获得亚像素级视差而不需要专门的亚像素匹配过程。

(8) 视差范围约束(disparity range constraint)。

视差范围约束是指对应点的视差值应存在一定的范围,该约束可以有效减少搜索空间进而减少视差计算时间。

1.3　立体匹配方法的研究现状

立体匹配技术的研究始于 20 世纪 70 年代美国麻省理工学院 Marr 提出的视觉计算理论,之后人们对立体匹配的研究进入一个高峰期,在随后的几十年当中出现了各式各样的立体匹配方法。在 1982 年,Barnard 等人调查分析了当时已经出现的立体匹配方法及其利用多幅图像计算深度信息的方法,并确定了构成这些方法的主要功能模块,它们分别是获取图像、标定摄像机、提取特征、立体匹配及深度计算等。随后在 1988 年,Dhond 等人对当时出现的立体匹配方法进行了总结,介绍了多尺度空间思想在立体匹配中的应用,并利用三目约束增加了匹配的可靠性。到了 20 世纪 90 年代,Koschan 等人总结分析了动态立体、主动立体、遮挡和无纹理区域的匹配以及实时立体匹配等问题。在 80 年代末 90 年代初出现的一些新的立体匹配思想,主要包括基于能量函数的稠密立体匹配、基于相位的立体匹配、立体匹配中彩色信息的应用以及确认和校正立体匹配结果。目前大部分立体匹配方法都源于当时的思想并逐步发展到今天。2002 年,Scharstein 等人总结评价了现有两帧稠密立体匹配方法并对其进行了详细分类,同时也建立了一个立体测试平台用以评价这些方法。2003 年,Brown 总结评价了立体匹配当中最新的研究成果,主要集中于立体匹配当中对应点计算、遮挡处理和实时实现三个问题。在过去的几十年当中,立体匹配方法经历了蓬勃的发展,产生了各式各样的数百种立体匹配方法,这些立体匹配方法大致可以分为基于局部的立体匹配方法、基于全局的立体匹配方法、基于频域的立体匹配方法、基于特征的立体匹配方法、基于小基高比的立体匹配方法、基于深度学习的立体匹配方法和基于视差回归网络的立体匹配方法。

1.3.1　基于局部的立体匹配方法

基于局部的立体匹配方法是一种最为古老的立体匹配方法,其匹配效果主要取决于代价累积,该过程主要涉及了匹配度量选取、支撑窗口选择以及支撑权重计算等几个方面。最近,随着一些先进代价累积方法的出现,该类方法又成为当前立体匹配当中的一个研究热点。该类方法的主要思想是,首先给定参考图像中一个像素点 p,在该像素点的局部区域内选择一个包含该点的支撑窗口即参考窗口(一般情况下 p 点位于支撑窗口的中心,也可位于其他位置);然后将该参考窗口在匹配图像中平移 d 个像素以确定其候选匹配点及候选匹配窗口,再根据匹配度量计算这两个窗口的相似性或不相似性;最后在所有测试的位移中根据“胜者全取”策略选择一个具有最优匹配代价的位移作为该点的视差。基于局部的立体匹配方法具有实现简单、效率高等优点,并可获得稠密视差图。但缺点是在图像的平坦而且纹理丰富的区域可以获得较高的匹配精度,而在视差不连续区域、无纹理区域和重复纹理区域容易产生误匹配;对立体像对中的遮挡、辐射差异和几何畸变比较敏感;代价累积步骤的计算复杂度较高,速度较慢。为解决代价累积阶段的计算复杂度高、速度慢的缺点,在累积阶段采用了滑动窗口、多尺度空间、快速傅里叶变换、积分图像、多媒体扩展(multimedia extensions)指令及 GPU 等技术,这些技术可以有效提高累积步骤的计算速度。对于遮挡、重复纹理区域和无纹理区域,目前局部方法采用了视差后处理策略进行解决,例如左右一致性验证、视差梯度约束和基于区域拟合的视差填充方法等。目前,在 Middlebury 网站上排名第一的是三星高技术研究所邢梅等人提出的一种局部立体匹配方法,该方法采用了基于 AD-Census 的匹配度量,首先在代价累积阶段采用了基于“十字”与基于路径相混合的累积方式;其次在视差后处理阶段采用了多步视差校正策略;最后通过 GPU 进行实现。

1.3.2　基于全局的立体匹配方法

基于全局的立体匹配方法假设全局能量函数最小值所对应的视差函数即为真实视差函数,在整幅图像上首先构建一个关于视差函数的全局能量函数,然后通过全局优化算法求解该能量函数最小值所对应的视差函数。在基于全局的立体匹配当中广泛采用的优化算法主要有模拟退火、遗传算法、动态规划、置信传播和图割算法等。全局立体匹配方法当中的能量函数一般由数据项和平滑项构成,其中数据项测量的是视差函数与观测数据的适应度,而平滑项测量的是视差函数的分段平滑程度。全局立体匹配方法的实验结果在视差不连续区域、遮挡区域和低纹理区域的准确度要明显优于局部立体匹配方法,但该算法计算复杂度较高,不适合实时应用。目前,比较流行的全局立体匹配方法主要有,基于动态规划的立体匹配方法、基于置信传播的立体匹配方法、基于图割的立体匹配方法和基于变分原理的立体匹配方法。下面将针对这些方法进行简要介绍。

(1) 基于动态规划的立体匹配方法。

基于动态规划的立体匹配方法首先针对立体像对中的每一对扫描行构建一个代价矩阵,然后在该矩阵中根据次序性约束和遮挡约束查找一个具有最优匹配代价的路径,其中路径中的每一点代表着一对对应点。实际上,动态规划方法属于一维优化方法,它是全局立体匹配方法当中效率最高的一种方法。假设每一扫描行上的像素个数为 N,视差搜索范围为 D,则计算每一扫描行所需的时间复杂度为 $O(ND)$。Birchfield 等人提出了通过修剪策略将动态规划方法的时间复杂度降低为 $O(ND \log D)$,但该方法最终导致解路径损失了最优性。该类方法的优点是准确率较高、速度快,缺点是视差图中存在较为明显的"条纹"现象,这是因匹配过程中缺少行间一致性限制而导致的。为减少视差图中的"条纹"现象,已提出各种解决方案,其中包括 Bobick 等人提出的地面控制点策略,Kim 等人提出的行列两过程动态规划方法,Veksler 等人提出的树形动态规划方法,Birchfield 等人提出的后处理方法。

(2) 基于置信传播的立体匹配方法。

基于置信传播的立体匹配方法的思想是将立体匹配问题阐述成马尔可夫网络,然后通过贝叶斯置信传播进行求解获得最大后验估计。Sun 等人首先将贝叶斯传播引入立体匹配当中,并且在整个图像区域内获得了较高精度的视差图,但算法的时间复杂度与标号数量成二次关系。随后,Felzenszwalb 等人利用"从粗到精"(coarse-to-fine)的思想加速了置信传播的收敛速度。Yang 等人以等级信息传播为基础提出一种改进的匹配方法,该匹配方法分为三步:第一步分别对左右图像应用等级置信传播获得左右视差图;第二步利用左右一致性校验和置信度量把参考图像的像素分为遮挡、稳定匹配和不稳定匹配三类;第三步根据像素分类采用基于图像分割的平面拟合法获得全部视差,再利用拟合的视差和像素分类重新计算数据项作为下一轮置信传播的输入,重新计算视差,然后反复迭代第三步。Yang 等人不仅把"从粗到精"的思想应用到空域当中,以加速消息的收敛速度,而且也将它应用到了深度域当中,等级地减少视差搜索范围。Klaus 等人把视差标号赋予每一分割块而不是像素本身,然后通过信息传播获得每一分割的最优标号。

(3) 基于图割的立体匹配方法。

基于图割的立体匹配方法将立体匹配问题阐述成能量函数最小化问题,这样的能量函数最小化问题最终被转化为网络图中的最大流问题,然后通过最大流算法进行求解获得最大流(即最小割),该最小割即是所要求解的视差函数。Boykov 等人首先提出两种基于图割的能量函数最小化算法,一种是 $\alpha - \beta$ 交换算法,另一种是 α 扩展算法;然后将这两种算法分别应用到立体匹配问题当中,并且获得了较好的视差效果,但该算法具有较高的计算复杂度,而且容易产生阶梯效应。随后,Kolmogorov 等人将遮挡问题整合到了能量函数中,然后通过最大流算法进行求解。Veksler 为了减少该类算法的计算复杂度对视差搜索范围进行了限制。Wang 等人首先将图像分割整合到基于最大流的立体匹配当中,网络图中的节点代表分割块,每一分割块所对应的视差平面构成了标号集(这些分割块所对应的视差平面是通过对分割块内的初始视差进行拟合获得);然后通过最大流算法获得每一节点的最优视差平面。Li 等人也将分割块表示成图中的每一节点,但标号集是由离散视差构成。

(4) 基于变分原理的立体匹配方法。

基于变分原理的立体匹配方法将立体匹配问题阐述成能量函数最小化问题,其能量函数由数据项和正则项(即平滑项)两部分构成。为获得该能量函数的极小化解,首先根据变分原理获得该能量函数的欧拉—拉格朗日方程,然后通过求解该方程进而获得视差值。基于变分法的主要优势在于它能提供一个良好的数学框架,并可以获得亚像素级视差。在计算机视觉中,变分法最早出现在 Horn 和 Schunck 的著作中,他们第一次成功地将变分法应用到了光流计算当中,并取得了较好的效果。Slesareva 等人将变分法从光流计算推广到了立体匹配当中。变分立体匹配中或者使用各向同性的视差驱动平滑项忽略了视差场的方向信息或者使用各向异性的图像驱动平滑进而导致过分割效应,为此,Zimmer 等人提出一种各向异性的视差驱动方法用于改进变分立体匹配。Ben-Ari 等人提出一种基于 Mumford-Shah 函数的规范项用以保存视差函数中的不连续点(多个连续的不连续点构成视差边界),并且在估计过程中同时最小化两个能量函数,一个进行域分割把图像分为可见部分和遮挡部分,另一个进行视差估计。Kosov 等人通过将多级别自适应技术(multi-level adaptive technique)与多网格(multigrid)方法相结合使变分立体匹配达到了实时性能。

1.3.3　基于频域的立体匹配方法

根据傅里叶变换性质可知,函数在空域中的平移变化在其频域中表现为相位变化。基于频域的立体匹配方法就是根据这一原理,首先对立体像对进行傅里叶变换,然后利用它们的相位信息计算对应点视差。该类方法的优点是可以直接获得亚像素级视差,且对于图像中的噪声及辐射差异有较强的鲁棒性。该类方法主要分为相位差法和相位相关法两种。相位差法是利用频域当中的相位信息和频率信息计算对应点的视差值。相位相关法根据局部带通信号之间的相关性会在对应点位置上产生一个单位脉冲信号,然后通过该脉冲信号的位置信息计算确定视差值。基于频域的立体匹配方法主要存在两个问题:① 较低的带通信号输出幅度所导致的相位奇异点问题;② 相位卷绕问题,而且较大的视差范围会影响算法的视差精度,解决该问题的一般方法是将匹配算法嵌入尺度空间。

1.3.4　基于特征的立体匹配方法

基于特征的立体匹配方法首先利用特征检测算子提取左右图像中的特征,然后通过计算确定它们之间的对应关系进而获得这些特征所对应的视差值。由于特征反映的是空间场景的结构信息,因此基于特征的立体匹配方法能较好地解决歧义性匹配问题,而且对图像噪声、辐射差异和对比度变化有很强的鲁棒性。该类方法通常分为特征提取和特征匹配两步。特征提取主要是利用特征检测算子从图像当中提取特征,这些特征通常是图像中灰度变化较为明显的点、线、面或是图像的结构关系。提取的特征对象通常有两类,一类为点特征,如边缘点、零交叉点和角点等;另一类为图像的结构特征,如直线段和二次曲线等。由于图像特征属于较高级别的图像结构信息,信息量丰富,定位精度高,对噪声及对比度变化的鲁棒性高,因此以图像特征为匹配基元的立体匹配方法具有较高的匹配精度。同时由于该类方法在匹配的过程中不需要支撑窗口,因此可以很好地解决匹配当中的视差不连续问题,避免视差图中的"黏合"现象,而且该类方法还具有计算量小、匹配速度快等优点。但是该类方法的缺点是获得的视差图是稀疏视差图,要获得稠密视差图需要对其进行插值,插值过程本身又是一个病态过程,因此会导致误匹配率增加,并且算法还受特征定位精度的影响。

1.3.5　基于深度学习的立体匹配方法

近年来,深度学习技术已在计算机视觉和自然语言处理等领域取得了巨大的成功,并推动了深度学习技术在其他领域的快速发展。深度学习现已成功应用到立体匹配方法当中,并且匹配效果优于传统基于优化的立体匹配方法。目前,基于深度学习的立体匹配方法主要分为基于成本计算网络的立体匹配方法和基于视差回归网络的立体匹配方法两类。

基于成本计算网络的立体匹配方法是将深度学习应用到立体匹配过程中的第一步成本计算,即利用深度学习计算匹配成本,然后进行成本累积、视差优化和视差求精最终获得视差图。Žbontar 等人首次将匹配成本计算建模成二值分类问题,然后利用孪生网络(Siamese 网络)进行计算,由此生成的匹配成本具有较强的鲁棒性,因此最终获得的视差图要优于传统的立体匹配方法。Luo 等人通过将匹配成本计算建模成多值分类问题加速了匹配成本计算过程。Shaked 等人设计一种高速网络改善了匹配成本的计算,进一步提高了匹配精度。这类方法在精度上优于传统方法,但也存在一些缺陷,包括匹配成本计算量较大,降低了匹配速度;有限的感受野导致成本计算过程缺少上下文信息,造成匹配成本在弱纹理区域的鲁棒性较弱。

1.3.6　基于视差回归网络的立体匹配方法

基于视差回归网络的立体匹配方法是将立体匹配过程中前三步阐述成端到端的深度网络,利用深度网络直接计算视差图。Kendall 等人提出一种视差回归网络,该方法首次应用 3D(三维)卷积规范化由匹配成本构成的视差空间图,这步相当于传统方法的成本累积,它可以整合更多邻域信息,增强匹配成本的鲁棒性。受此启发,Chang 等人提出一种空间金字塔池化模块,抽取多尺度特征使其具有更强的可区分性,然后通过特征连接构建视差空间图,并利用 3D 卷积对其进行规范化。Guo 等人提出一种基于分组相关性(group-wise correlation)的视差空间图构建方法,并与基于特征连接的视差空间图相结合。Zhang 等人提出一种指导累积层,该模块通过修改半全局成本累积方法支持反向传播,它可作为深度网络中的一个独立模块对视差空间图进行规范化处理。Xu 等人提出一种自适应累积层规范化视差空间图,该模块由自适应尺度内累积和自适应尺度间累积两部分构成。Zhang 等人构建一个单峰真实视差分布,利用焦距损失(focal loss)监督视差空间图。这些立体匹配方法或者利用深度网络抽取健壮的特征,或者利用可学习的模块对视差空间图进行规范化处理,这两种处理方式使基于视差回归网络的立体匹配方法获得了较高的匹配精度,而且在运行时间和匹配精度方面都要优于基于成本计算网络的立体匹配方法。

1.4　小基高比立体匹配的研究难点

综合分析目前小基高比立体匹配方法的研究状况,总结出小基高比立体匹配方法的研究难点主要包含以下几个方面。

（1）现有小基高比立体匹配方法的匹配效率需要进一步提升。现有的小基高比立体匹配方法大多都是以 Delon 等人的研究成果为基础发展而来的。这些立体匹配方法都涉及了自适应窗口及基于互相关匹配度量的计算,这两部分占用了算法的大部分计算时间,影响了算法的匹配效率。

（2）整数级视差的匹配准确率需要进一步提高。虽然利用小基高比立体像对可以有效减少由于遮挡、辐射差异、几何畸变及阴影等因素所产生的误匹配率,但在非纹理区域及物体边界处（深度不连续区域）还存在较多的误匹配。

（3）目前全局匹配方法还未应用到小基高比立体匹配当中,主要原因是它们的计算复杂度太高,难以处理高分辨率图像。与此相反,动态规划方法则是全局立体匹配方法当中速度最快的一类匹配方法,它可以成为小基高比立体匹配的理想候选方法之一。

（4）在小基高比立体匹配模型当中,深度、基高比和视差满足 $dz = \dfrac{d\varepsilon}{B/H}$ 这一关系,从该等式可以看出,基高比越小,深度误差越大。因此,若要保证在小基高比立体匹配当中根据计算视差估计的深度精度与大基高比的深度精度相同,则要求小基高比立体匹配的视差精度必须精确到 $1/m$ 个像元,其中 m 为基高比倍数（大基高比与小基高比的比值）。为此精确的亚像素级视差对小基高比立体匹配至关重要。

第2章 摄像机标定和极线理论

2.1 概 述

摄像机几何标定涉及知识面较广,需要有较好的摄影几何(projective geometry)、数学建模、非线性优化、计算机视觉、图像处理等知识,是一项综合应用型技术。本章首先简单介绍摄影几何在摄像机几何标定中的应用,然后介绍摄像机几何标定中常用的标定靶和特征标志,深入介绍并比较各种摄像机几何模型,总结选用摄像机模型的一般原则。

欧几里得几何可以很好地描述三维世界,其几何元素具有很好的直观特性,如平行线不会相交,相交两直线具有一定的夹角等,但在处理摄影图像等涉及计算机视觉方面的内容时,它对其中的某些问题却无能为力。如一个矩形平面被拍成图像后,除非拍摄的角度很特别,通常会变形为一般的四边形,其平行边变得不再平行,长度相等的两条边在图像上不再相等。为研究方便,在三维视觉领域里,需要涉及摄影几何、仿摄几何(affine geometry)和欧氏几何等几何知识。

摄影几何、仿摄几何和欧氏几何三者自成体系,前两者又是后者的分支。就几何学内容而言,欧氏几何学的内容最丰富,而射影几何学的内容最贫乏,仿摄几何处于中间。例如在欧氏几何学里可以讨论仿射几何学的对象和射影几何学的对象,反过来,在射影几何学里不能讨论图形的度量性质。

1. 齐次坐标

以三维空间点为例,设任意一点(X,Y,Z),引进实数组(X',Y',Z',t)来表达,规定:

$$\frac{X'}{t}=X, \quad \frac{Y'}{t}=Y, \quad \frac{Z'}{t}=Z, \quad t\neq 0 \qquad (2.1)$$

则称(X',Y',Z',t)为点(X,Y,Z)的齐次坐标或摄影坐标,且称扩充后的空间为摄影空间。若$t=0$,则$(X',Y',Z',0)$对应扩充空间的无穷远点。对不为零的r,(rX',rY',rZ',rt)与(X',Y',Z',t)代表同一点。取$t=1$,表示三维空间的通常点。因此,一般也用$(X,Y,Z,1)$来表示(X,Y,Z)的齐次坐标。

2. 平面直线与点线对偶关系

平面直线方程的一般表达式为

$$ax+by+c=0, \quad a、b、c \text{ 不同时为零} \qquad (2.2)$$

平面直线表达式可用齐次坐标$\boldsymbol{I}=(a,b,c)^{\mathrm{T}}$来表示。若将平面上的点也表示成齐次坐标$\tilde{x}=(x,y,1)^{\mathrm{T}}$,则式(2.2)可以改为$\boldsymbol{I}\cdot\tilde{x}=0$,可发现点与直线处于同样的地位,这就是摄影平面上的对偶原理,如果把一个定理中的点和线概念对调,则所得定理仍成立。

两个不重合的点$\tilde{x}_1$和$\tilde{x}_2$所决定的直线L的坐标为$L=\tilde{x}_1\times\tilde{x}_2$,两不重合的直线$L_1$

与 L_2 所决定的交点 $\tilde{x}_1$ 的坐标为 $\tilde{x}_1 = L_1 \times L_2$。例如,若已知凸四边形四顶点分别为 $\tilde{m}_1 = (x_1, y_1, 1)^{\mathrm{T}}$、$\tilde{m}_2 = (x_2, y_2, 1)^{\mathrm{T}}$、$\tilde{m}_3 = (x_3, y_3, 1)^{\mathrm{T}}$ 和 $\tilde{m}_4 = (x_4, y_4, 1)^{\mathrm{T}}$,求其对角线交点 $\tilde{p} = (x_5, y_5, 1)^{\mathrm{T}}$,则可简单地表达为

$$\tilde{p} = \mathrm{cross}(\mathrm{cross}(\tilde{m}_1, \tilde{m}_3), \mathrm{cross}(\tilde{m}_2, \tilde{m}_4)) \tag{2.3}$$

式中,$\mathrm{cross}(a, b)$ 表示叉积函数。需要注意的是不能简单地取矩阵 $\tilde{p}$ 中前两项作为其实际坐标,由齐次坐标的定义可知

$$x_5 = \frac{\tilde{p}(1)}{\tilde{p}(3)}, \quad y_5 = \frac{\tilde{p}(2)}{\tilde{p}(3)} \tag{2.4}$$

3. 标定靶与控制点

要标定摄像机,一般来说需要提供场景与图像之间多个坐标对。场景上的坐标点一般就是直接从标定靶测得,图像坐标需要从影像中获取。为达到以上目的,一般会将特征非常明显的标志粘贴在标定靶上,特征标志作为特征点用来充当标定控制点。标定靶有三维靶、二维靶和虚拟三维靶等几种。三维靶一般适合高精度的标定,但其测量与制作相对复杂。二维靶定位简单,但往往不适合摄像机的某些参数的标定,甚至有些参数在二维标定靶下根本标定不出来。虚拟三维靶实际是将二维标定靶通过已知运动来模拟三维场景,其缺点是如果标定方法需要知道这种运动,则需要较高精度的运动平台来实现,增加了标定装置的复杂程度与费用。

根据不同环境和标定方法的需要,特征标志或控制点也可以采用不同类型。可以采用圆形或方形标志做控制点,也可以采用直线的交点做控制点。采用直线的交点做控制点的原因是图像中的直线容易通过边缘检测和 Hough 变换获得,再通过数学方法来求得其交点;其他一些方法则是采用各种方格块的顶点做控制点,其优点是图像的对比比较明显,适合于大多角点检测程序的检测。

2.2　摄像机标定

在立体视觉中,数字图像的获取和成像系统坐标的确定是第一步。获得了被拍照场景的图像之后,才可以在此基础上进行相应的处理,如对图像进行极线校正、滤波、重采样、匹配等。通过成像系统的坐标系,可以把被拍照物体的坐标和图像上的成像位置对应起来,进而对场景进行三维重构。

立体视觉中的拍照和成像示意图如图 2.1 所示,图中点 P 为被拍照场景中任意一点,C_1 是左摄像机的光心,C_r 是右摄像机的光心。π_1 是左成像平面(左图),π_r 是右成像平面(右图)。p_1 是点 P 在成像平面 π_1 上所成的像,p_1 即为直线 PC_1 与平面 π_1 的交点。同理,p_r 是点 P 在成像平面 π_r 上所成的像,p_r 即为直线 PC_r 与平面 π_r 的交点。此时,如果知道光心 C_1、C_r 以及点 p_1、p_r 的坐标,就可以连接直线 C_1p_1、C_rp_r,那么这两条直线的交点就是被拍照场景中的点 P,可以利用数学知识推断点 P 的坐标值。在实际应用中,C_1、C_r 以及 p_1、p_r 的坐标都是已知的,因此可以使用这种方法对 P 点坐标进行推算,进而用这种方法把被拍照场景中物体的坐标都恢复出来。

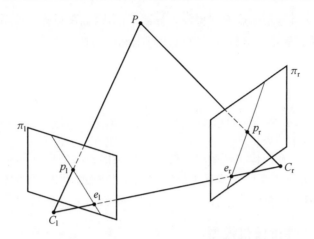

图 2.1　立体视觉中的拍照和成像示意图

2.2.1　线性摄像机模型

最常用、最简单的摄像机模型是线性模型,也称针孔模型(pin-hole model),这种关系也被称为中心投影或者透视投影。

线性摄像机模型如图 2.2 所示,图中的投影关系可以表示为

$$\frac{Z_c}{f} = \frac{X_c}{x} = \frac{Y_c}{y} \tag{2.5}$$

式中,f 为摄像机的焦距;(X_c, Y_c, Z_c) 为场景中点 P 在摄像机坐标系下的坐标;(x, y) 为场景中点 P 在像平面上的投影点 p_1 的坐标。

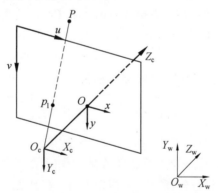

图 2.2　线性摄像机模型

通常情况下,摄像机坐标系的圆心是摄像机的光心,而场景是由世界坐标系来表示的,也就是实际工作环境中的坐标系。建立场景在摄像机坐标系和世界坐标系之间的转换关系为

$$\begin{bmatrix} X_c \\ Y_c \\ Z_c \\ 1 \end{bmatrix} = \begin{bmatrix} \boldsymbol{R} & \boldsymbol{T} \\ \boldsymbol{0}^{\mathrm{T}} & 1 \end{bmatrix} \begin{bmatrix} X_w \\ Y_w \\ Z_w \\ 1 \end{bmatrix} \tag{2.6}$$

式中，(X_w, Y_w, Z_w) 为场景中点 P 在世界坐标系下的坐标；$\boldsymbol{R}$ 为旋转关系的正交矩阵；$\boldsymbol{T}$ 为三维平移变换关系。像平面坐标与计算机图形坐标的转换关系为

$$\begin{bmatrix} u \\ v \\ 1 \end{bmatrix} = \begin{bmatrix} \dfrac{1}{d_x} & \gamma & u_0 \\ 0 & \dfrac{1}{d_y} & v_0 \\ 0 & 0 & 1 \end{bmatrix} \begin{bmatrix} x \\ y \\ 1 \end{bmatrix} \tag{2.7}$$

式中，$(u, v, 1)$ 为 P 点在图像坐标系中以像素为单位的齐次坐标；$(x, y, 1)$ 为 P 点在像平面上以长度为单位的坐标；d_x 为像素与像素之间 x 方向的距离；d_y 为像素与像素之间 y 方向的距离；γ 为图像的扭转参数；(u_0, v_0) 为图像平面的主点坐标。

2.2.2 非线性摄像机模型

由于镜头在制造过程中，发生微小畸变，在远离图像中心的地方也会发生畸变，因此像点不再是 P 和 O 连线与像平面的交点，而是发生了一定的偏差。摄像机镜头的畸变可以分为两种，一种是径向畸变，一种是切向畸变。其中径向畸变是影响成像的主要因素，它是关于摄像机镜头主轴对称的，畸变系数可以通过建立一定的模型标定出来。而计算镜头的切向畸变，则需引入过多的畸变系数，会导致系统的不稳定，因此通常忽略。

2.3 极 线 理 论

在两个摄像机组成的成像系统中，空间中的某个场景点在两幅图上的成像点满足一定的几何关系，即极线几何。连接左右摄像机的光心 $C_l C_r$，把线段 $C_l C_r$ 称为摄像机的基线（baseline）B，基线和两个像平面的交点，称为极点（epipolar）。在图 2.1 中左右极点分别用 e_l、e_r 表示。两个摄像机的光心 C_l、C_r 和场景点 P 三点组成的平面，定义为极平面 π（epipolar plane），极平面与成像平面的交线称为极线（epipolar line），即为图 2.1 中的 $e_l p_l$、$e_r p_r$。

2.3.1 极线约束

图 2.1 中仅表示了场景中一个点的成像情况，而由上面的分析可知，对于场景中任意一点构造的极平面都会通过基线，所以左右图像上所有极线都通过极点，极点就是所有极线在图像平面上的交点。

根据上面对极线几何的描述，可以推理出，对于空间场景中任意一点 P，设其在左图像的投影点为 p_l，则其在右图像平面上的匹配点 p_r 必然位于极线 $e_r p_r$ 上，称 $e_l p_l$ 为左图像平面上过 p_l 点的极线，称 $e_r p_r$ 为右图像平面上过 p_r 点的极线。类似地，右图像平面上任一点 p_r，其在左图像平面上的匹配点 p_l 必然在极线 $e_l p_l$ 上。这种通过极线来约束的几何关系，就是极线约束，$e_l p_l$、$e_r p_r$ 称为共轭极线，也称同名极线。

通过对极线约束的介绍可知，在实际匹配过程中，搜索一个点的匹配点不需要在整幅图像上搜索，仅在另一幅图像的共轭极线上搜索即可。极线约束在立体匹配算法中占有

很重要的地位,极线约束限定了在立体匹配过程中只需要沿着极线进行匹配搜索即可,把二维的搜索区域降到一维,从而大大减少了搜索的数目,缩短了匹配时间,提高了匹配效率。

如果采用平行式立体视觉系统,基线与像平面没有交点,相对于两个摄像机的极点 e_1、e_r 位于无穷远处,则两个成像平面内的所有极线都互相平行。平行式立体视觉系统中,摄影基线与图像平面的 u 轴平行,所有极线都与 u 轴平行。此时,空间中任意一点 P 在两个像平面上的投影点只有水平方向的位移,在立体匹配过程中,仅沿着同名行搜索即可。如果采用非平行式立体视觉系统,极线不与坐标轴平行,搜索过程就要在斜线上进行,计算费时,不利于计算机实现。为了使搜索方向与坐标轴平行,需要进行极线校正。

2.3.2　极线校正

极线校正示意图如图 2.3 所示,图中给出了极线校正前后的变化。虚线矩形框表示原始成像平面的位置,实线矩形框表示校正后的成像平面位置。可见,校正后的左右图像,极点 e_1、e_r 位于无穷远处,空间中任意一点 P 在两个像平面上形成的投影点 p_1、p_r 在垂直方向的坐标相同,仅存在水平方向的移动。在立体匹配过程中,搜索过程仅沿同名行即可。

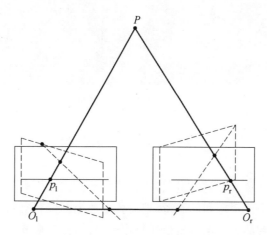

图 2.3　极线校正示意图

图 2.4 所示校正前的像对和图 2.5 所示校正后的像对给出 House 图像的极线校正实例,图中的线为标记出来的极线,可见极线校正的结果是把立体像对的极线校正到水平方向,这有利于像素点的搜索和匹配。

图 2.4　校正前的像对

图 2.5　校正后的像对

2.4　本章小结

　　本章简单介绍了摄像机标定的过程,介绍了极线理论。针对线性摄像机模型,给出了摄像机内坐标和世界坐标系之间的关系,把图像上的坐标值和空间坐标联系起来,为实现被拍照物体的三维重构奠定了基础。极线理论的引入,把二维的搜索过程降低到一维,在保证准确性的同时大大提高了搜索的效率。极线校正是立体匹配过程的前提,所有的立体匹配算法都是在极线理论的指导下进行的。

第 3 章　基于积分图像的快速
小基高比立体匹配方法

3.1　概　　述

立体观测是一个从同一场景的两幅图像或者多幅图像重建深度的过程,该过程基于场景深度会导致不同视角下的两幅或多幅图像之间产生几何视差,根据这些几何视差及摄像机参数可以计算出这些场景点的深度信息。如果获取系统是一个校准系统,则可以利用计算的视差函数确定观测场景的数字等高模型(Digital Elevation Model,DEM)。本章主要集中讨论卫星或航空影像对的匹配,并假设这些立体像对是经过极线校正的,即对应点在相同的扫描行上。为使平行投影模型变得更加精确,摄像机的高度要足够高,在这种配置下深度 z 与视差 ε 成正比而与基高比 B/H 成反比。根据这一关系,深度精度 dz 也因此与视差精度 $d\varepsilon$ 成正比,与基高比 B/H 成反比。当视差精度 $d\varepsilon$ 一定时,基高比越大,深度误差越小,因此在立体观测中人们常常选择大基高比配置对场景进行成像,典型的大基高比配置为 $B/H=1$。但大基高比意味着在立体像对之间会存在更多的变化,例如更多的遮挡、更大的辐射差异、更大的几何畸变及更大的阴影,这些因素大大增加了立体匹配难度,导致了大量的误匹配。为减弱上述因素对匹配的影响,小基高比条件下的立体匹配方法应运而生,小基高比配置自然能产生更加精确的视差。然而这种小基高比立体视觉仅在具体的获取条件和匹配方法下才有意义。首先,需要精确地了解和校准获取设备;其次,图像的采样频率必须得到控制,即图像应该具有有限的带宽。目前许多立体匹配方法计算的视差都是整数级别,这对于许多应用而言是完全足够的,但是对于小基高比立体视觉而言整数级别的视差是远远不够的。实际上当使用小角度配置对场景进行成像时,立体像对之间产生的几何视差可能非常小,甚至这些视差可能小于一个像素,此时像素级别的立体匹配方法不能获得任何有意义的深度信息,因此在小基高比立体视觉当中要求匹配方法能够获得亚像素级视差。

根据 Scharstein 等人提出的分类标准,立体匹配方法大致可以分为局部立体匹配方法和全局立体匹配方法。局部立体匹配方法是一种原理简单且易于实现的立体匹配方法,该方法首先在参考图像中选定一个包含待匹配点 x 的支撑窗口,然后在另一幅图像中根据相似性度量标准沿着与 x 相同的扫描行寻找一个与该支撑窗口最为相似的窗口,则该窗口中与 x 位置相同的点即为 x 的对应点。相对比而言,全局立体匹配方法则采用了较为复杂的能量最小化方法,在全局平滑性假设的约束下对整幅图像进行求解并获得全局最优视差图,这类方法包括动态规划、置信传播和图割等。这些方法对于大基高比立体视觉和普通的立体像对而言可以获得很好的性能。然而对于小基高比立体视觉而言它们的计算复杂度太高,难以将它们应用到亚像素级匹配阶段当中获得高精度的亚像素级视差。

在小基高比立体匹配当中,小基高比能有效减少立体像对中的遮挡、辐射差异、几何畸变和阴影等因素对匹配的影响,提高视差匹配准确率。Delon 等人首次对小基高比立体视觉的可行性进行了研究,主要集中研究了最传统的局部匹配代价规范互相关函数(normalized cross correlation),并提出一种基于多分辨率的小基高比立体匹配方法,该方法首先自适应地为参考图像中的每一像素点计算支撑窗口的大小,然后利用规范互相关函数及局部优化方法——"胜者全取"为可信点计算视差,再通过质心校正解决匹配中的"黏合"现象,最后通过重建连续互相关函数获得亚像素级视差,该方法最终获得稀疏的亚像素级视差图。Facciolo 等人提出一种基于正则化的小基高比立体匹配方法,通过变分方法替代 Delon 等人所提方法中的质心校正方法解决匹配中的"黏合"现象,并对当前视差值进行规范化处理,同时对缺失的视差值进行插值,该方法最终获得稠密的亚像素级视差图。Igual 等人提出一种基于区域合并的小基高比立体匹配方法,该方法首先利用图割算法对参考图像进行过分割,然后根据每一分割块内的有效点视差利用拟合方法估计出每一区域的仿射模型参数,最后根据亥姆霍兹原理(Helmholtz principle)对相邻的分割块进行合并以形成一个更加精确的仿射区域,该方法最终获得稠密的亚像素级视差图。这些方法的缺点在于自适应窗口部分和代价累积阶段的计算复杂度都很高,且与窗口大小成正比,这两部分严重影响了算法的匹配速度,占据了算法的大部分计算时间。

为提高小基高比立体匹配方法的计算效率、整数级视差的匹配准确率,同时获得稠密的视差图,本章提出一种基于积分图像的快速小基高比立体匹配方法。该方法主要有以下几点贡献:① 提出一种自适应窗口的快速计算方法以提高自适应窗口选择部分的计算效率;② 利用积分图像技术加快了规范互相关函数的计算;③ 利用自适应窗口与多窗口相结合累积匹配代价,同时在视差计算过程中引入可靠性约束以提高立体匹配的准确率;④ 提出一种基于图割的迭代传播视差填充方法以获得稠密视差图。

3.2 基 本 原 理

3.2.1 立体模型

假设参考图像 $\tilde{u}(x)$ 与匹配图像 $u(x)$ 之间满足如下关系模型:

$$\tilde{u}(x) = \lambda(u(x + \varepsilon(x))) + g_b(x) \tag{3.1}$$

式中,$\varepsilon(x)$ 表示视差函数;$\lambda(\cdot)$ 表示辐射差异函数;$g_b(x)$ 表示高斯噪声函数 $b(x)$ 和规范函数 $g(x)$ 的卷积。立体模型如图 3.1 所示,图中,B 表示基线,H 表示摄像机高度,B/H 表示基高比。图 3.1(a) 显示的是大基高比立体匹配配置情形,即两次成像的观测角度较大。在利用大基高比配置获取立体像对时,由于两次成像的时间间隔较长,因此容易导致两次成像时的流明条件不一致(例如,云层的遮挡),进而造成立体像对之间存在较大的辐射差异,并且大基高比还会导致更多的遮挡、几何畸变及阴影等因素影响。为此,当利用立体模型式(3.1)刻画大基高比立体像对时则会产生较大的偏差。利用大基高比立体像对进行匹配,虽然可以获得较高精度的深度信息,但是在大基高比立体像对中存在的几何畸变、遮挡及辐射差异使立体匹配方法很难获得精确稠密的视差图。图 3.1(b) 显示的是小基高比立体匹配配置情形,即两次成像的观测角度较小。在小基高比立体配置下由于两次成像的时间间隔很短,则可以认为两次成像时的流明条件没有发生变化。因此,立体像对之间的辐射差异很小,可以近似为线性,而且小角度还可以有效减少物体遮挡、几何畸变及辐射差异对匹配精度的影响。在小基高比配置下生成的立体像对可以近似满足这一假设模型,而且针对小基高比立体像对该立体模型可以进一步简化为

$$\tilde{u}(x) = u(x + \varepsilon(x)) + g_b(x) \tag{3.2}$$

实际上,该立体模型假设立体像对 $\tilde{u}$ 和 u 之间仅存在几何畸变,几乎没有遮挡和辐射差异的产生,这只有在小基高比条件下才能满足,而且随着基高比 B/H 不断趋近于 0,模型会变得越来越精确。在小基高比立体匹配方法中需要获得亚像素级视差以弥补小基高比给深度精度带来的损失。在实现亚像素级匹配时,需要对立体像对进行插值,获得亚像素点的灰度值进行匹配,因此小基高比立体匹配要求立体像对具有无限插值精度,即立体像对要近似满足采样定理。随着成像技术的发展,目前可以获得近似满足采样定理的小基高比立体像对,例如美国的 $\mathrm{Spot}-5$ 卫星,这些技术的进步支持了小基高比立体匹配方法。

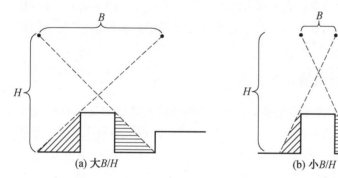

图 3.1　立体模型

3.2.2　规范互相关函数

为了便于说明,本章在此给出将要使用到的数学符号。

(1) $\varphi(x)$ 表示一个正定的、平滑的、规范的、紧支撑函数。

(2) 对于每个可积函数 f,有如下等式成立:

$$\int_{\varphi_{x_0}} f = \int_{\varphi_{x_0}} f(x)\mathrm{d}x = \int \varphi(x_0 - x) f(x)\mathrm{d}x$$

对于立体匹配而言,该式表示在图像函数 f 上选择一个以 x_0 点为中心的支撑窗口。

(3) $\|f\|_{\varphi_{x_0}}$ 表示平方可积函数 f 的权重范数,其数学表达式为

$$\sqrt{\int \varphi_{x_0}(x) f^2(x)\mathrm{d}x} = \sqrt{\int \varphi(x_0 - x) f^2(x)\mathrm{d}x}$$

(4) $\langle \cdot , \cdot \rangle_{\varphi_{x_0}}$ 表示两个函数的内积,其数学表达式为

$$\langle f, g \rangle_{\varphi_{x_0}} = \int \varphi_{x_0}(x) f(x) g(x)\mathrm{d}x = \int \varphi(x_0 - x) f(x) g(x)\mathrm{d}x$$

(5)$\tau_m u$ 表示函数 u 平移 m 个单位,即 $x \rightarrow u(x+m)$。

基于规范互相关函数的局部立体匹配方法的主要思想是,对于参考图像 $\tilde{u}(x)$ 中的每一像素点 x_0,选择一个以该像素点 x_0 为中心的支撑窗口 $\varphi(x_0-x)$,然后将该支撑窗口在匹配图像 $u(x)$ 中平移 m 个像素以确定其匹配点及匹配窗口,再根据匹配度量规范互相关函数计算这两个支撑窗口的相似性,最后选择一个具有最优匹配代价的位移 m 作为 x_0 点的视差,其视差计算公式可以表示为

$$m(x_0) = \arg \max_m \rho_{x_0}(m) \tag{3.3}$$

式中,函数 $\rho_{x_0}(m)$ 表示以 $x_0 \in \tilde{u}(x)$ 为中心的参考窗口与以 $x_0+m \in u(x)$ 为中心的匹配窗口之间的规范互相关函数,其数学表达式为

$$\rho_{x_0}(m) = \frac{\langle \tau_m u, \tilde{u} \rangle_{\varphi_{x_0}}}{\| \tau_m u \|_{\varphi_{x_0}} \| \tilde{u} \|_{\varphi_{x_0}}} \tag{3.4}$$

根据施瓦茨(Schwarz)不等式,规范互相关函数 $\rho_{x_0}(m)$ 的值域为 $[0,1]$,而且该函数具有增益偏差不变性,对立体像对之间的线性灰度变换具有一定的鲁棒性。使在 x_0 点上的规范互相关函数 ρ_{x_0} 取得最大值的位移 $m(x_0)$ 一般不能精确地等于 x_0 点的真实视差 $\varepsilon(x_0)$。下一节将从数学角度研究分析计算视差与真实视差之间的关系,即在什么情况下计算视差等于真实视差,又在什么情况下计算视差不等于真实视差,它们之间存在怎样的关系。

3.2.3 数学分析规范互相关函数

在数学分析规范互相关函数之前,首先假设处理的立体像对是经过极线校正的立体像对,其对应点位于相同的扫描行上,该假设将对应点搜索问题简化成为一维搜索问题。在数学分析过程中出现的导数也因此被理解为沿着扫描行方向(即水平方向)。首先假设在立体像对之间不存在噪声的情况下,对规范互相关函数进行分析,即假设立体像对满足

$$\tilde{u}(x) = u(x + \varepsilon(x)) \tag{3.5}$$

定义 3.1 关于 x 的函数 $d^u_{x_0}(x)$ 表示图像 u 在 x_0 点的相关密度函数,其数学表达式为

$$d^u_{x_0}(x) : x \rightarrow \frac{\| u \|^2_{\varphi_{x_0}} u'^2(x) - \langle u, u' \rangle_{\varphi_{x_0}} u(x) u'(x)}{\| u \|^4_{\varphi_{x_0}}} \tag{3.6}$$

函数 $d^u_{x_0}(x)$ 只与图像函数 u、支撑窗口 φ 和待匹配点 x_0 相关,该函数可以近似反映支撑窗口内部的纹理结构信息。下面将阐述 x_0 点的计算视差 $m(x_0)$ 与真实视差函数 $\varepsilon(x)$ 之间的关系。

命题 3.1 假设真实视差函数 $\varepsilon(x)$ 与 x_0 点的计算视差 $m(x_0)$ 在支撑窗口 φ_{x_0} 上满足 $|\varepsilon(x) - m(x_0)| \ll 1$,则计算视差 $m(x_0)$ 与真实视差函数 $\varepsilon(x)$ 满足如下关系:

$$\langle d^{\tau_{m(x_0)}u}_{x_0}, m(x_0) \rangle_{\varphi_{x_0}} \simeq \langle d^{\tau_{m(x_0)}u}_{x_0}, \varepsilon(x) \rangle_{\varphi_{x_0}} \tag{3.7}$$

证明 首先对规范互相关函数式(3.4)关于变量 m 求导,可得

$$\rho_{x_0}{}'(m) = \frac{\partial}{\partial m} \frac{\langle \tau_m u, \tilde{u} \rangle_{\varphi_{x_0}}}{\| \tau_m u \|_{\varphi_{x_0}} \| \tilde{u} \|_{\varphi_{x_0}}}$$

$$= \frac{\| \tau_m u \|_{\varphi_{x_0}} \dfrac{\partial}{\partial m} \langle \tau_m u, \tilde{u} \rangle_{\varphi_{x_0}} - \langle \tau_m u, \tilde{u} \rangle_{\varphi_{x_0}} \dfrac{\partial}{\partial m} \| \tau_m u \|_{\varphi_{x_0}}}{(\| \tau_m u \|_{\varphi_{x_0}})^2 \| \tilde{u} \|_{\varphi_{x_0}}}$$

$$= \frac{\dfrac{\partial}{\partial m} \langle \tau_m u, \tilde{u} \rangle_{\varphi_{x_0}}}{\| \tau_m u \|_{\varphi_{x_0}} \| \tilde{u} \|_{\varphi_{x_0}}} - \frac{\langle \tau_m u, \tilde{u} \rangle_{\varphi_{x_0}} \dfrac{\partial}{\partial m} \| \tau_m u \|_{\varphi_{x_0}}}{(\| \tau_m u \|_{\varphi_{x_0}})^2 \| \tilde{u} \|_{\varphi_{x_0}}}$$

$$= \frac{\langle \tau_m u', \tilde{u} \rangle_{\varphi_{x_0}}}{\| \tau_m u \|_{\varphi_{x_0}} \| \tilde{u} \|_{\varphi_{x_0}}} - \frac{\langle \tau_m u, \tilde{u} \rangle_{\varphi_{x_0}} \dfrac{\partial}{\partial m} \sqrt{\langle \tau_m u, \tau_m u \rangle_{\varphi_{x_0}}}}{(\| \tau_m u \|_{\varphi_{x_0}})^2 \| \tilde{u} \|_{\varphi_{x_0}}}$$

$$= \frac{\langle \tau_m u', \tilde{u} \rangle_{\varphi_{x_0}}}{\| \tau_m u \|_{\varphi_{x_0}} \| \tilde{u} \|_{\varphi_{x_0}}} - \frac{\langle \tau_m u, \tilde{u} \rangle_{\varphi_{x_0}} \langle \tau_m u, \tau_m u \rangle_{\varphi_{x_0}}^{-\frac{1}{2}} \langle \tau_m u', \tau_m u \rangle_{\varphi_{x_0}}}{(\| \tau_m u \|_{\varphi_{x_0}})^2 \| \tilde{u} \|_{\varphi_{x_0}}}$$

$$= \frac{\langle \tau_m u', \tilde{u} \rangle_{\varphi_{x_0}}}{\| \tau_m u \|_{\varphi_{x_0}} \| \tilde{u} \|_{\varphi_{x_0}}} - \frac{\langle \tau_m u, \tilde{u} \rangle_{\varphi_{x_0}} \langle \tau_m u', \tau_m u \rangle_{\varphi_{x_0}}}{(\| \tau_m u \|_{\varphi_{x_0}})^3 \| \tilde{u} \|_{\varphi_{x_0}}}$$

然后，令 $\rho_{x_0}{}'(m) = 0$ 可得

$$\| \tau_m u \|_{\varphi_{x_0}}^2 \langle \tau_m u', \tilde{u} \rangle_{\varphi_{x_0}} = \langle \tau_m u, \tilde{u} \rangle_{\varphi_{x_0}} \langle \tau_m u', \tau_m u \rangle_{\varphi_{x_0}} \tag{3.8}$$

假设 $m(x_0)$ 是根据式 (3.3) 计算获得的视差，则计算视差 $m(x_0)$ 将满足 $\rho_{x_0}{}'(m(x_0)) = 0$。现假设 $|\varepsilon(x) - m(x_0)|$ 足够小，则可获得参考图像 $\tilde{u}(x)$ 的一阶近似如下：

$$\tilde{u}(x) = u(x + \varepsilon(x))$$
$$\simeq u(x + m(x_0)) + u'(x + m(x_0))(\varepsilon(x) - m(x_0)) \tag{3.9}$$

然后，将式 (3.9) 和 $m(x_0)$ 代入式 (3.8)，可得

$$\| \tau_{m(x_0)} u \|_{\varphi_{x_0}}^2 \langle \tau_{m(x_0)} u', u(x + m(x_0)) + u'(x + m(x_0))(\varepsilon(x) - m(x_0)) \rangle_{\varphi_{x_0}}$$
$$\simeq \langle \tau_{m(x_0)} u, u(x + m(x_0)) + u'(x + m(x_0))(\varepsilon(x) - m(x_0)) \rangle_{\varphi_{x_0}} \langle \tau_{m(x_0)} u', \tau_{m(x_0)} u \rangle_{\varphi_{x_0}}$$
$$\Rightarrow \| \tau_{m(x_0)} u \|_{\varphi_{x_0}}^2 (\langle \tau_{m(x_0)} u', \tau_{m(x_0)} u \rangle_{\varphi_{x_0}} + \langle \tau_{m(x_0)} u', u'(x + m(x_0))(\varepsilon(x) - m(x_0)) \rangle_{\varphi_{x_0}})$$
$$\simeq (\langle \tau_{m(x_0)} u, \tau_{m(x_0)} u \rangle_{\varphi_{x_0}} + \langle \tau_{m(x_0)} u, u'(x + m(x_0))(\varepsilon(x) - m(x_0)) \rangle_{\varphi_{x_0}}) \langle \tau_{m(x_0)} u', \tau_{m(x_0)} u \rangle_{\varphi_{x_0}}$$
$$\Rightarrow \| \tau_{m(x_0)} u \|_{\varphi_{x_0}}^2 (\langle \tau_{m(x_0)} u', \tau_{m(x_0)} u \rangle_{\varphi_{x_0}} + \langle \tau_{m(x_0)} u', u'(x + m(x_0))(\varepsilon(x) - m(x_0)) \rangle_{\varphi_{x_0}})$$
$$\simeq (\| \tau_{m(x_0)} u \|_{\varphi_{x_0}}^2 + \langle \tau_{m(x_0)} u, u'(x + m(x_0))(\varepsilon(x) - m(x_0)) \rangle_{\varphi_{x_0}}) \langle \tau_{m(x_0)} u', \tau_{m(x_0)} u \rangle_{\varphi_{x_0}}$$
$$\Rightarrow \| \tau_{m(x_0)} u \|_{\varphi_{x_0}}^2 \langle \tau_{m(x_0)} u', \tau_{m(x_0)} u \rangle_{\varphi_{x_0}}$$
$$\quad + \| \tau_{m(x_0)} u \|_{\varphi_{x_0}}^2 \langle \tau_{m(x_0)} u', u'(x + m(x_0))(\varepsilon(x) - m(x_0)) \rangle_{\varphi_{x_0}}$$
$$\simeq \| \tau_{m(x_0)} u \|_{\varphi_{x_0}}^2 \langle \tau_{m(x_0)} u', \tau_{m(x_0)} u \rangle_{\varphi_{x_0}}$$
$$\quad + \langle \tau_{m(x_0)} u', \tau_{m(x_0)} u \rangle_{\varphi_{x_0}} \langle \tau_{m(x_0)} u, u'(x + m(x_0))(\varepsilon(x) - m(x_0)) \rangle_{\varphi_{x_0}}$$
$$\Rightarrow \| \tau_{m(x_0)} u \|_{\varphi_{x_0}}^2 \langle \tau_{m(x_0)} u', u'(x + m(x_0))(\varepsilon(x) - m(x_0)) \rangle_{\varphi_{x_0}}$$
$$\simeq \langle \tau_{m(x_0)} u', \tau_{m(x_0)} u \rangle_{\varphi_{x_0}} \langle \tau_{m(x_0)} u, u'(x + m(x_0))(\varepsilon(x) - m(x_0)) \rangle_{\varphi_{x_0}}$$

$$\Rightarrow \| \tau_{m(x_0)} u \|_{\varphi_{x_0}}^2 \langle \tau_{m(x_0)} u'^2, (\varepsilon(x) - m(x_0)) \rangle_{\varphi_{x_0}}$$

$$\simeq \langle \tau_{m(x_0)} u', \tau_{m(x_0)} u \rangle_{\varphi_{x_0}} \langle \tau_{m(x_0)} u \tau_{m(x_0)} u', (\varepsilon(x) - m(x_0)) \rangle_{\varphi_{x_0}}$$

$$\Rightarrow \langle \| \tau_{m(x_0)} u \|_{\varphi_{x_0}}^2 \tau_{m(x_0)} u'^2, (\varepsilon(x) - m(x_0)) \rangle_{\varphi_{x_0}}$$

$$\simeq \langle \langle \tau_{m(x_0)} u', \tau_{m(x_0)} u \rangle_{\varphi_{x_0}} \tau_{m(x_0)} u \tau_{m(x_0)} u', (\varepsilon(x) - m(x_0)) \rangle_{\varphi_{x_0}}$$

$$\Rightarrow \langle \| \tau_{m(x_0)} u \|_{\varphi_{x_0}}^2 \tau_{m(x_0)} u'^2 - \langle \tau_{m(x_0)} u', \tau_{m(x_0)} u \rangle_{\varphi_{x_0}} \tau_{m(x_0)} u \tau_{m(x_0)} u', (\varepsilon(x) - m(x_0)) \rangle_{\varphi_{x_0}} \simeq 0$$

$$\Rightarrow \langle d_{x_0}^{\tau_{m(x_0)} u}, (\varepsilon(x) - m(x_0)) \rangle_{\varphi_{x_0}} \simeq 0$$

$$\Rightarrow \langle d_{x_0}^{\tau_{m(x_0)} u}, m(x_0) \rangle_{\varphi_{x_0}} \simeq \langle d_{x_0}^{\tau_{m(x_0)} u}, \varepsilon(x) \rangle_{\varphi_{x_0}}$$

证明完毕。

在小基高比立体匹配当中，把式（3.7）称为相关基本等式（central equation of correlation）。当在 x_0 点邻域内的所有像素点满足 $|\varepsilon(x) - m(x_0)|$ 足够小时，则支撑窗口内所有像素点的真实视差 $\varepsilon(x)$ 与 x_0 点的计算视差 $m(x_0)$ 通过该等式联系起来。这个假设意味着在支撑窗口 φ_{x_0} 内的真实视差函数 $\varepsilon(x)$ 变化范围很小，并且计算视差 $m(x_0)$ 非常接近于窗口内的真实视差值。如果真实视差函数 $\varepsilon(x)$ 在支撑窗口上是恒定的，该等式将变为 $m(x_0) = \varepsilon(x_0)$，这意味着根据最大化规范互相关函数计算的视差等于该点的真实视差。如果真实视差函数 $\varepsilon(x)$ 在支撑窗口上不是恒定的，即违背了"前视平坦"假设，则计算视差 $m(x_0)$ 为支撑窗口内所有像素点的真实视差的权重平均，并且对计算视差 $m(x_0)$ 影响较大的点是支撑窗口内使函数 $d_{x_0}^{\tau_{m(x_0)} u}(x)$ 取得较大值的点。这种现象在立体匹配中称为"黏合"现象，该现象在视差图中表现为前景区域膨胀变大。

命题 3.2 在命题 3.1 的假设前提下，规范互相关函数 $\rho_{x_0}(m)$ 在 $m(x_0)$ 上的二阶导数 $\rho_{x_0}''(m(x_0))$ 为

$$\rho_{x_0}''(m(x_0)) \simeq -\langle d_{x_0}^{\tau_{m(x_0)} u}, 1 \rangle_{\varphi_{x_0}} \leqslant 0 \tag{3.10}$$

证明

由于

$$\rho_{x_0}'(m) = \frac{\langle \tau_m u', \tilde{u} \rangle_{\varphi_{x_0}}}{\| \tau_m u \|_{\varphi_{x_0}} \| \tilde{u} \|_{\varphi_{x_0}}} - \frac{\langle \tau_m u, \tilde{u} \rangle_{\varphi_{x_0}} \langle \tau_m u', \tau_m u \rangle}{(\| \tau_m u \|_{\varphi_{x_0}})^3 \| \tilde{u} \|_{\varphi_{x_0}}}$$

因此，对一阶导数 $\rho_{x_0}'(m)$ 再次求导得

$$\rho_{x_0}''(m) = \frac{\langle \tau_m u'', \tilde{u} \rangle_{\varphi_{x_0}}}{\| \tau_m u \|_{\varphi_{x_0}} \| \tilde{u} \|_{\varphi_{x_0}}} - 2 \frac{\langle \tau_m u', \tilde{u} \rangle_{\varphi_{x_0}} \langle \tau_m u, \tau_m u' \rangle_{\varphi_{x_0}}}{\| \tau_m u \|_{\varphi_{x_0}}^3 \| \tilde{u} \|_{\varphi_{x_0}}}$$
$$- \frac{\langle \tau_m u, \tilde{u} \rangle_{\varphi_{x_0}} \langle \tau_m u, \tau_m u'' \rangle_{\varphi_{x_0}}}{\| \tau_m u \|_{\varphi_{x_0}}^3 \| \tilde{u} \|_{\varphi_{x_0}}} - \frac{\langle \tau_m u, \tilde{u} \rangle_{\varphi_{x_0}} \langle \tau_m u', \tau_m u' \rangle_{\varphi_{x_0}}}{\| \tau_m u \|_{\varphi_{x_0}}^3 \| \tilde{u} \|_{\varphi_{x_0}}}$$
$$+ 3 \frac{\langle \tau_m u, \tilde{u} \rangle_{\varphi_{x_0}} \langle \tau_m u, \tau_m u' \rangle_{\varphi_{x_0}}^2}{\| \tau_m u \|_{\varphi_{x_0}}^5 \| \tilde{u} \|_{\varphi_{x_0}}}$$

又因为 $\rho_{x_0}'(m(x_0)) = 0$，可得

$$\rho_{x_0}{''}(m(x_0)) = \frac{\langle \tau_{m(x_0)}u'', \tilde{u} \rangle_{\varphi_{x_0}} \parallel \tau_{m(x_0)}u \parallel_{\varphi_{x_0}}^2 + \langle \tau_{m(x_0)}u', \tilde{u} \rangle_{\varphi_{x_0}} \langle \tau_{m(x_0)}u, \tau_{m(x_0)}u' \rangle_{\varphi_{x_0}}}{\parallel \tau_{m(x_0)}u \parallel_{\varphi_{x_0}}^3 \parallel \tilde{u} \parallel_{\varphi_{x_0}}}$$

$$- \frac{\langle \tau_{m(x_0)}u, \tilde{u} \rangle_{\varphi_{x_0}} \langle \tau_{m(x_0)}u, \tau_{m(x_0)}u'' \rangle_{\varphi_{x_0}} + \langle \tau_{m(x_0)}u, \tilde{u} \rangle_{\varphi_{x_0}} \parallel \tau_{m(x_0)}u' \parallel_{\varphi_{x_0}}^2}{\parallel \tau_{m(x_0)}u \parallel_{\varphi_{x_0}}^3 \parallel \tilde{u} \parallel_{\varphi_{x_0}}}$$

然后,将 $\tilde{u} \simeq \tau_{m(x_0)}u$ 代入上式可得

$$\rho_{x_0}{''}(m(x_0)) \simeq \frac{\langle \tau_{m(x_0)}u, \tau_{m(x_0)}u' \rangle_{\varphi_{x_0}}^2 - \parallel \tau_{m(x_0)}u \parallel_{\varphi_{x_0}}^2 \parallel \tau_{m(x_0)}u' \parallel_{\varphi_{x_0}}^2}{\parallel \tau_{m(x_0)}u \parallel_{\varphi_{x_0}}^4}$$

$$= -\langle d_{x_0}^{\tau_{m(x_0)}u}, 1 \rangle_{\varphi_{x_0}}$$

根据 Schwarz 不等式

$$\langle \tau_{m(x_0)}u, \tau_{m(x_0)}u' \rangle_{\varphi_{x_0}} \leqslant \parallel \tau_{m(x_0)}u \parallel_{\varphi_{x_0}} \parallel \tau_{m(x_0)}u' \parallel_{\varphi_{x_0}}$$

可得

$$\rho_{x_0}{''}(m(x_0)) \simeq \frac{\langle \tau_{m(x_0)}u, \tau_{m(x_0)}u' \rangle_{\varphi_{x_0}}^2 - \parallel \tau_{m(x_0)}u \parallel_{\varphi_{x_0}}^2 \parallel \tau_{m(x_0)}u' \parallel_{\varphi_{x_0}}^2}{\parallel \tau_{m(x_0)}u \parallel_{\varphi_{x_0}}^4}$$

$$= -\langle d_{x_0}^{\tau_{m(x_0)}u}, 1 \rangle_{\varphi_{x_0}} \leqslant 0$$

证明完毕。

由于规范互相关函数 ρ_{x_0} 在 $m(x_0)$ 处具有一阶导数且 $\rho_{x_0}{'}(m(x_0)) = 0$,在 $m(x_0)$ 处具有二阶导数且 $\rho_{x_0}{''}(m(x_0)) < 0$,因此 $m(x_0)$ 点是规范互相关函数 ρ_{x_0} 的极大值点。通过将式(3.10)中的匹配图像 $\tau_{m(x_0)}u$ 近似为参考图像 $\tilde{u}$ 可得

$$\rho_{x_0}{''}(m(x_0)) \simeq -\langle d_{x_0}^{\tilde{u}}, 1 \rangle_{\varphi_{x_0}} \leqslant 0 \tag{3.11}$$

式(3.11)被称为相关曲率(correlation curvature),它仅依赖于参考图像 $\tilde{u}(x)$ 并且独立于真实视差函数 $\varepsilon(x)$。根据该等式可以在参考图像中获得精确极值点的位置,规范互相关函数二阶导数的绝对值越大,它在极值点附近的变化越锐利,在这种情况下极值点的定位精度会更加精确。

以上详细阐述了无噪声情况下的立体匹配过程,并且证明了在小基高比立体匹配过程中存在一个相关基本等式(3.7),该等式把计算视差与真实视差函数联系起来。现在分析有噪声情况下的立体匹配过程,并证明在满足某种条件下,相关基本等式(3.7)依然成立。

命题 3.3 假设参考图像 $\tilde{u}(x)$ 和匹配图像 $u(x)$ 满足式(3.2),在支撑窗口 φ_{x_0} 内计算视差 $m(x_0)$ 与真实视差函数 $\varepsilon(x)$ 满足 $|\varepsilon(x) - m(x_0)| \ll 1$,并且满足

$$\frac{\parallel g_b \parallel_{\varphi_{x_0}}}{\parallel \tau_m u \parallel_{\varphi_{x_0}} (\langle d_{x_0}^{\tau_m u}, 1 \rangle_{\varphi_{x_0}})^{1/2}} \ll 1$$

则相关基本等式(3.7)依然成立。

证明

$$\rho_{x_0}{'}(m) = 0 \Leftrightarrow \parallel \tau_m u \parallel_{\varphi_{x_0}}^2 \langle \tau_m u', \tilde{u} \rangle_{\varphi_{x_0}} = \langle \tau_m u, \tilde{u} \rangle_{\varphi_{x_0}} \langle \tau_m u', \tau_m u \rangle_{\varphi_{x_0}}$$

$$\Leftrightarrow \langle \parallel \tau_m u \parallel_{\varphi_{x_0}}^2 \tau_m u' - \tau_m u \langle \tau_m u', \tau_m u \rangle_{\varphi_{x_0}}, \tilde{u} \rangle_{\varphi_{x_0}} = 0 \tag{3.12}$$

现定义函数 $\omega^m(x)$ 为

$$\omega^m(x) = \frac{\|\tau_m u\|^2_{\varphi_{x_0}} \tau_m u' - \tau_m u \langle \tau_m u', \tau_m u \rangle_{\varphi_{x_0}}}{\|\tau_m u\|^2_{\varphi_{x_0}} \langle \tau_m u', \tau_m u' \rangle_{\varphi_{x_0}} - \langle \tau_m u', \tau_m u \rangle^2_{\varphi_{x_0}}}$$

将函数 $\omega^m(x)$ 和式(3.2)代入式(3.12)可得

$$\langle \omega^m, u(x+\varepsilon(x)) \rangle_{\varphi_{x_0}} + \langle \omega^m, g_b \rangle_{\varphi_{x_0}} = 0 \tag{3.13}$$

对函数 $u(x+\varepsilon(x))$ 在 $m(x_0)$ 点进行一阶近似可得

$$\langle \omega^m, \tau_m u + (\varepsilon(x)-m)\tau_m u' \rangle_{\varphi_{x_0}} + \langle \omega^m, g_b \rangle_{\varphi_{x_0}} \simeq 0 \tag{3.14}$$

对式(3.14)整理可得

$$m = \frac{\langle d^{\tau_{m(x_0)}u}_{x_0}, \varepsilon(x) \rangle_{\varphi_{x_0}}}{\langle d^{\tau_{m(x_0)}u}_{x_0}, 1 \rangle_{\varphi_{x_0}}} + \langle \omega^m, g_b \rangle_{\varphi_{x_0}} \tag{3.15}$$

根据 Schwarz 不等式,式(3.15)的第二项满足

$$\langle \omega^m, g_b \rangle_{\varphi_{x_0}} \leqslant \frac{\|g_b\|_{\varphi_{x_0}}}{\|\tau_m u\|_{\varphi_{x_0}} (\langle d^{\tau_m u}_{x_0}, 1 \rangle_{\varphi_{x_0}})^{1/2}} \tag{3.16}$$

因此,当

$$\frac{\|g_b\|_{\varphi_{x_0}}}{\|\tau_m u\|_{\varphi_{x_0}} (\langle d^{\tau_m u}_{x_0}, 1 \rangle_{\varphi_{x_0}})^{1/2}} \ll 1$$

时,相关基本等式(3.7)依然成立。

证明完毕。

式(3.15)表明,根据局部互相关系数计算的视差并不是该点的真实视差,而是窗口内所有像素点的真实视差的权重平均再加上噪声部分。根据式(3.15)可将匹配误差分为两部分:一部分是由支撑窗口违背"前视平坦"假设造成的,这部分误差在立体匹配中称为"黏合"现象;另一部分则是由图像噪声引起的,这部分误差可以在匹配之前对其进行预先估计,以此可以确定每一待匹配点是否可以获得精确的匹配。通过将式(3.16)中的噪声范数近似为

$$E(\|g_b\|^2_{\varphi_{x_0}}) = E\left(\int_{\varphi_{x_0}} \left(\int g(x-t)b(t)\mathrm{d}t \right)^2 \mathrm{d}x \right)$$

$$= \int \varphi_{x_0}(x) \|g_b\|^2_{L^2} \sigma_b^2 \mathrm{d}x = \sigma_b^2 \|g_b\|^2_{L^2} \tag{3.17}$$

可以将匹配过程中因噪声而导致的误差表达为

$$N(\tilde{u}, g, \sigma_b, \varphi, x_0) = \frac{\sigma_b \|g\|_{L^2}}{\|\tilde{u}\|_{\varphi_{x_0}} \sqrt{\langle d^{\tilde{u}}_{x_0}, 1 \rangle_{\varphi_{x_0}}}} \tag{3.18}$$

该误差可以显示相关系数的有意义位置和精确位置,并且可以确定在这些位置上应该使用多大的支撑窗口可以获得可靠的匹配。在噪声数量一定的情况下,式(3.18)分母当中的相关曲率越大,由噪声引起的误差就越小,此时获得的匹配越可靠。

3.2.4　最优窗口选择

假设已知图像噪声标准差为 σ_b，在给定参考图像 $\tilde{u}$ 和支撑窗口 φ 的情况下，可以根据式(3.18)为参考图像当中的每一待匹配点 x_0 计算在匹配过程中由噪声所引起的匹配误差。由于噪声所引起的匹配误差具有可计算性，在匹配过程中可以对该部分误差进行限制以提高视差匹配精度。通过预先给定允许的匹配误差根据式(3.18)可以确定参考图像中每一点的匹配窗口大小，其思想是在给定的误差范围内应选择较小的匹配窗口使计算视差能精确地近似真实视差，其自适应窗口的计算公式可表示为

$$W_{\text{opt}}(x_0) = \min\left\{ \varphi_{x_0} \,\middle|\, \frac{\sigma_b \, \| g \|_{L^2}}{\| \tilde{u} \|_{\varphi_{x_0}} \sqrt{\langle d_{x_0}^{\tilde{u}}, 1 \rangle_{\varphi_{x_0}}}} < \alpha \right\} \tag{3.19}$$

式中，α 为匹配误差精度。

在窗口大小选择范围内满足式(3.19)的点称为可信点，而不满足式(3.19)的点称为不可信点。匹配过程中仅匹配可信点，匹配结束后根据先验信息及可信点视差推理获得不可信点视差。自适应窗口技术根据指定的误差精度及待匹配点周围邻域的结构信息，自适应地为参考图像中的每一像素点确定支撑窗口大小，在纹理丰富区域选择较小的支撑窗口以获得更加精确的视差值，在平坦区域选择较大的支撑窗口以增加灰度变化范围，获得更加可靠的匹配。在实际应用中误差精度 α 的设定与所能接受的高程误差相关，例如，当基高比为 0.01，允许高程误差为 10 cm 时，此时误差精度 α 应设置为 $0.01 \times 10 = 0.1$ 个像素左右。而且误差精度 α 的大小也会影响可信点密度，如果想要获得适当稠密的视差图，应在 0.1 的基础上稍微放大一些以获得想要的稠密度。

3.2.5　基高比与深度精度关系

本节将分析基高比 B/H 与深度精度之间的关系。假设 z_{real} 代表真实深度函数，z_c 代表根据计算视差获得的深度。真实深度函数 z_{real} 与视差函数 ε 存在如下关系：

$$z_{\text{real}} = \frac{\varepsilon}{B/H} \tag{3.20}$$

然后，根据式(3.7)，任意 x_0 点的测量深度 $z_c(x_0)$ 可计算为

$$z_c(x_0) = \frac{m(x_0)}{B/H} = \frac{\langle d_{x_0}^{\tau_{m(x_0)}u}, \varepsilon(x) \rangle_{\varphi_{x_0}}}{B/H \langle d_{x_0}^{\tau_{m(x_0)}u}, 1 \rangle_{\varphi_{x_0}}} = \frac{\langle d_{x_0}^{\tau_{m(x_0)}u}, z_{\text{real}} B/H \rangle_{\varphi_{x_0}}}{B/H \langle d_{x_0}^{\tau_{m(x_0)}u}, 1 \rangle_{\varphi_{x_0}}}$$

$$= \frac{\langle d_{x_0}^{\tau_{m(x_0)}u}, z_{\text{real}} \rangle_{\varphi_{x_0}}}{\langle d_{x_0}^{\tau_{m(x_0)}u}, 1 \rangle_{\varphi_{x_0}}} \tag{3.21}$$

在理想的情况下(即立体像对中不存在噪声)，测量深度 z_c 和真实深度 z_{real} 的关系如式(3.21)所示。该式表明在没有噪声的情况下，测量深度精度不依赖于观测角度，即与基高比大小无关。在测量过程中产生的唯一误差是，在立体匹配过程中计算视差时所产生的误差，该部分误差可以表示为

$$E_1(x_0) = \left| z_{\text{real}}(x_0) - \frac{\langle d_{x_0}^{\tau_{m(x_0)}u}, z_{\text{real}} \rangle_{\varphi_{x_0}}}{\langle d_{x_0}^{\tau_{m(x_0)}u}, 1 \rangle_{\varphi_{x_0}}} \right| \tag{3.22}$$

式(3.22)表明,在理想的情况下深度误差与基高比 B/H 无关,因此该公式支持了小基高比立体匹配,这可以有效减少在大基高比立体匹配中所遇到的困难。然而在真实世界中,如果基高比减少太多,反而会增加深度误差。这是因为在噪声存在的情况下,深度误差又增加了一项由噪声所引起的误差,该误差可以近似为

$$E_2(x_0, B/H) = \frac{\sigma_b \parallel g \parallel_{L^2}}{B/H \parallel \widetilde{u} \parallel_{\varphi_{x_0}} \sqrt{\langle d_{x_0}^{\widetilde{u}}, 1 \rangle_{\varphi_{x_0}}}} \tag{3.23}$$

这部分误差与基高比 B/H 大小成反比关系。在实际匹配过程中,要综合各方面的因素确定一个合理的基高比。

3.3 算法框架及关键步骤

3.3.1 算法框架

本章提出一种基于积分图像的快速小基高比立体匹配方法,该方法处理的是经极线校正的立体像对,并最终获得稠密视差图,算法具体流程图如图 3.2 所示。该方法首先根据自适应窗口选择公式为参考图像中的每一像素点确定匹配窗口大小,同时把参考图像中的像素点分为可信点和不可信点两类;然后根据计算确定的匹配窗口大小和规范互相关度量利用多窗口策略计算匹配成本,并采用“胜者全取”方法为可信点计算初始视差值,在视差计算过程中引入了可靠性约束剔除不可靠匹配(不可靠匹配点也归入了不可信点);最后根据视差图中的可信点视差及先验信息采用基于图割的迭代传播视差后处理方法计算推理不可信点视差以获得稠密视差图。

图 3.2 算法具体流程图

3.3.2 自适应窗口快速计算

小基高比立体匹配方法在实现过程中需要多次计算支撑窗口上的函数权重和,若不采用加速技术直接计算这些函数权重和,其时间复杂度与窗口大小成正比,这严重影响了立体匹配方法的匹配效率。为提高立体匹配方法的匹配效率,需要加速求和运算,使其计

算复杂度与窗口大小无关。到目前为止,已经提出一些加速方法实施快速求和运算,主要包括基于快速傅里叶变换的卷积技术、盒式滤波技术及积分图像技术。这些加速技术已经被广泛应用于立体匹配过程中,用以实现快速代价累积。下面简要介绍上述三种实现快速求和运算的基本原理。利用基于快速傅里叶变换的卷积技术加速求和运算的思想是,首先支撑窗口上的函数权重和可以表示为时域上的卷积 $\varphi(x_0 - x) * f(x)$,其中 $\varphi(x_0 - x)$ 表示以 x_0 点为中心的支撑窗口,$f(x)$ 表示被求和函数(如果函数 $f(x)$ 表示代价函数,则卷积 $\varphi(x_0 - x) * f(x)$ 就表示代价累积);然后根据时域卷积定理函数的权重和,$\varphi(x_0 - x) * f(x)$ 可以表示为傅里叶变换的乘积 $\Phi(-j\omega) \cdot e^{j\omega x_0} \cdot F(j\omega)$,其中 Φ 和 F 分别为函数 φ 和 f 的傅里叶变换。由此可以看出,利用傅里叶变换计算支撑窗口上的函数权重和仅需 3 次乘法,而且快速离散傅里叶变换的速度很快,时间复杂度仅为 $N\log N$,它所占用的时间可以忽略不计。该方法的优点是可以计算任意固定权重函数的卷积和,但缺点是不适合计算可变支撑窗口上的函数权重和。利用盒式滤波技术加速求和运算的思想是,相邻支撑窗口上的函数和具有重合部分,充分利用重合部分可以有效降低函数求和运算的时间复杂度,这就是盒式滤波技术的基本原理。盒式滤波技术在求和过程中采用了一个滑动窗口,在计算相邻下一支撑窗口上的函数和时,充分利用上一支撑窗口上的计算结果,即当前支撑窗口上的函数和等于上一支撑窗口上的函数和加上滑进部分的和减去滑出部分的和。该方法的优点是计算复杂度独立于窗口大小,但缺点是支撑窗口函数只能是恒定的常数函数,即窗口内所有点的权重相等。利用积分图像技术加速求和运算的思想是,首先利用积分图像的二维数据结构存储坐标原点 $(0,0)$ 到每个坐标位置所限定的矩形窗口上的函数和,积分图像中的每一点都唯一对应一个矩形窗口上的函数和,它们之间存在一种递推关系,计算它们可以在常数时间内完成;然后根据积分图像及支撑窗口的四个顶点就可获得任意窗口大小的函数和。该方法的优点是可以计算任意大小窗口上的函数和,计算复杂度独立于窗口大小,但缺点是仅能计算权重函数是常数函数的支撑窗口。由于本章的自适应窗口方法是对预定义窗口集内的每个支撑窗口进行测试,以确定一个合适的窗口大小,因此积分图像技术更适合于加速该自适应窗口方法计算。

为提高小基高比立体匹配方法中自适应窗口选择部分的计算效率,本章首先将式 (3.18) 简化为

$$\frac{\sigma_b \parallel g \parallel_{L^2}}{\parallel \widetilde{u} \parallel_{\varphi_{x_0}} \sqrt{\langle d_{x_0}^{\widetilde{u}}, 1 \rangle_{\varphi_{x_0}}}} = \frac{\sigma_b \parallel g \parallel_{L^2}}{\sqrt{\parallel \widetilde{u}' \parallel_{\varphi_{x_0}}^2 - (\langle \widetilde{u}, \widetilde{u}' \rangle_{\varphi_{x_0}}^2 / \parallel \widetilde{u} \parallel_{\varphi_{x_0}}^2)}} \tag{3.24}$$

证明

$$\frac{\sigma_b \parallel g \parallel_{L^2}}{\parallel \widetilde{u} \parallel_{\varphi_{x_0}} \sqrt{\langle d_{x_0}^{\widetilde{u}}, 1 \rangle_{\varphi_{x_0}}}}$$

$$= \frac{\sigma_b \parallel g \parallel_{L^2}}{\sqrt{\parallel \widetilde{u} \parallel_{\varphi_{x_0}}^2 \int d_{x_0}^{\widetilde{u}}(x) \varphi(x_0 - x) \mathrm{d}x}}$$

$$= \frac{\sigma_b \parallel g \parallel_{L^2}}{\sqrt{\parallel \widetilde{u} \parallel_{\varphi_{x_0}}^2 \int \dfrac{\parallel \widetilde{u} \parallel_{\varphi_{x_0}}^2 \widetilde{u}^2(x) - \langle \widetilde{u}, \widetilde{u}' \rangle_{\varphi_{x_0}} \widetilde{u}(x) \widetilde{u}'(x)}{\parallel \widetilde{u} \parallel_{\varphi_{x_0}}^4} \varphi(x_0 - x) \mathrm{d}x}}$$

$$= \frac{\sigma_b \parallel g \parallel_{L^2}}{\sqrt{\int \left[\widetilde{u}'^2(x) - \frac{\langle \widetilde{u}, \widetilde{u}' \rangle_{\varphi_{x_0}} \widetilde{u}\, \widetilde{u}'}{\parallel \widetilde{u}' \parallel_{\varphi_{x_0}}^2} \right] \varphi(x_0 - x) \mathrm{d}x}}$$

$$= \frac{\sigma_b \parallel g \parallel_{L^2}}{\sqrt{\int \widetilde{u}'^2(x) \varphi(x_0 - x) \mathrm{d}x - (\langle \widetilde{u}, \widetilde{u}' \rangle_{\varphi_{x_0}} / \parallel \widetilde{u}' \parallel_{\varphi_{x_0}}^2) \int \widetilde{u}(x) \widetilde{u}'(x) \varphi(x_0 - x) \mathrm{d}x}}$$

$$= \frac{\sigma_b \parallel g \parallel_{L^2}}{\sqrt{\parallel \widetilde{u}' \parallel_{\varphi_{x_0}}^2 - (\langle \widetilde{u}, \widetilde{u}' \rangle_{\varphi_{x_0}} / \parallel \widetilde{u}' \parallel_{\varphi_{x_0}}^2)}}$$

证明完毕。

本章利用积分图像技术分别加速计算了自适应窗口选择公式及规范互相关度量。为了对这两个公式进行数值计算,需要将它们的连续表达形式变成离散形式,且离散过程中使用了常数函数作为支撑窗口函数,以便利用积分图像加快它们当中的求和操作。其中自适应窗口选择式(3.24)的离散数学表达式为

$$\frac{\sigma_b \parallel g \parallel_{L^2}}{\sqrt{\frac{1}{W \times W} \sum \widetilde{u}'^2 - \left(\left(\frac{1}{W \times W} \sum \widetilde{u} \widetilde{u}' \right)^2 / \left(\frac{1}{W \times W} \sum \widetilde{u}^2 \right) \right)}}$$

$$= \frac{\sigma_b \parallel g \parallel_{L^2}}{\sqrt{\frac{1}{W \times W} \left(\sum \widetilde{u}'^2 - \left(\sum \widetilde{u} \widetilde{u}' \right)^2 / \sum \widetilde{u}^2 \right)}} \qquad (3.25)$$

规范互相关度量式(3.4)的离散数学表达式为

$$\frac{\frac{1}{W \times W} \sum u(x+m) \widetilde{u}(x)}{\sqrt{\frac{1}{W \times W} \sum u^2(x+m) \times \frac{1}{W \times W} \sum \widetilde{u}^2(x)}} = \frac{\sum u(x+m) \widetilde{u}(x)}{\sqrt{\sum u^2(x+m) \times \sum \widetilde{u}^2(x)}}$$

$$(3.26)$$

快速计算离散化式(3.25)及式(3.26)使计算复杂度与窗口大小无关,需要为函数 $\sum \widetilde{u}'^2$、$\sum \widetilde{u} \widetilde{u}'$、$\sum \widetilde{u}^2$、$\sum u(x+m) \widetilde{u}(x)$ 和 $\sum u^2(x+m)$ 建立积分图像。利用积分图像计算函数和,每一项只需两次加法运算和一次减法运算,这大大提高了计算速度,从而提高了立体匹配效率。

为了提高立体匹配的准确率,本章将快速自适应窗口技术与多窗口策略(图 3.3)相结合累积匹配代价。该方法的主要思想是,首先根据快速自适应窗口技术计算匹配窗口大小;然后利用多窗口策略累积匹配代价,并在众多匹配代价中选择一个最优的代价作为该点的匹配代价。该方法通过增加支撑窗口的多样性保证窗口内的局部场景近似符合"前视平坦"假设,以有效提高立体匹配的准确率。

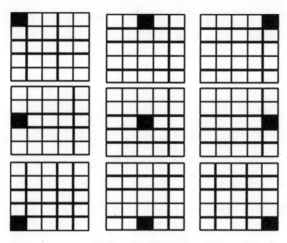

图 3.3　多窗口策略

3.3.3　可信视差估计

虽然本章提出的快速小基高比立体匹配方法在匹配过程中,仅处理在窗口选择阶段所确定的可信点,但由于噪声、遮挡等因素的影响,计算视差还不够准确。为进一步提高可信点视差的准确性,该方法在计算视差的同时施加了类似于 Wei 等人所提方法中所描述的可靠性约束,即

$$C(p, m_p^{\text{best}}) \geqslant \lambda C(p, m'), \quad \forall\, m' \neq m_p^{\text{best}} \tag{3.27}$$

$$C(p, m_p^{\text{best}}) \geqslant \lambda C(p', m'), \quad \forall\, p' + m' = p + m_p^{\text{best}} \tag{3.28}$$

式中,$C(p, m_p^{\text{best}})$ 表示 p 点最优视差所对应的规范互相关系数;λ 表示可信度水平,其可信度水平越高,根据该约束获得的视差越可靠。

本章以图 3.4 为例说明这两个可靠性约束。图中的垂直灰色格网用以解释说明可靠性约束式(3.27),垂直格网上的点代表像素点 p 在右图像中的候选匹配点,该约束表明 p 点最优视差所对应的规范互相关系数要显著大于其他候选匹配点所对应的规范互相关系数。实际上,该约束要求匹配代价函数在最优视差位置上具有显著的极值点。图中倾斜的灰色格网用以解释说明可靠性约束式(3.28),倾斜灰色格网上的点代表右图像中的点

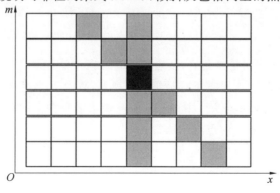

图 3.4　可靠性约束

$p+m_p^{\text{best}}$ 在左图像中的候选匹配点,该约束要求 $p+m_p^{\text{best}}$ 点最优视差所对应的规范互相关系数在候选匹配点中也是最显著的。该约束实质上表达了较强的左右一致性限制。通过在匹配过程中施加这两个约束,可以有效提高视差计算的可靠性,为后续计算不可信点视差提供有力保障。

3.3.4 视差填充

视差填充方法在匹配过程中忽略了在给定窗口选择范围内不能满足自适应窗口公式的点,这些点是由于在周围邻域内缺少足够的纹理信息而不能获得可靠的匹配,这些点在三维重建的过程中不能获得高程信息。在实际应用中要获得连续的三维数字等高模型,需要估计出这部分缺失点的视差值。目前,估计缺失点的视差值主要有两类方法,一类是插值方法,另一类是区域拟合方法。插值方法是根据缺失点邻域内的视差值,利用插值技术(如线性插值、非线性插值等)获得缺失点的视差值。该过程本身是一个病态过程,会导致视差精度的损失,而且缺失点视差的准确性取决于可信点的视差分布和插值函数的精度。高精度的插值函数可以获得相对精确的视差值,但计算复杂度较高。该方法最终获得的视差图精度较低。区域拟合方法是,首先根据指导图像把视差图划分为若干个不相交的区域,假设每个区域平滑变化,符合线性模型;然后根据拟合技术和区域内可信点的视差获得一个参数曲面;最后利用该参数曲面获得缺失点的视差值。该方法的精度受区域内离群点的影响很大,很难获得较精确的视差值。

本章所提方法在匹配过程结束之后,通过一种视差后处理方法为视差图中的缺失点计算视差以获得稠密视差图。假设像素点的颜色相似且位于同一分割内,它们应该具有相同的视差,根据这一原理提出一种基于图像分割的迭代传播视差后处理方法用来计算不可信点视差。该方法的主要思想是,首先利用基于均值漂移的图割算法对参考图像进行过分割;然后在不可信点的邻域内选择一个属于同一分割且色彩最相似的可信点作为该点的视差。该方法具有实现简单、效果好等特点,可以获得令人满意的稠密视差图,其具体步骤如下。

(1)在不可信点集中选择一个不可信点 $p \in R/R^*$,计算不可信点 p 和邻域内与 p 点属于同一分割的其他可信点的色彩差异,其计算公式如下:

$$D(p) = \{ d_c(p,q) \,|\, q \in \Omega_p, q \in S_p, q \in R^* \} \tag{3.29}$$

式中,$d_c(p,q) = \sum_{c \in \{r,g,b\}} |p_c - q_c|$;$\Omega_p$ 表示 p 点的邻域(如 4 邻域或 8 邻域);S_p 表示 p 点所在的分割块;R^* 表示可信点集合,R 表示所有像素点集合。

(2)当 $D(p) \neq \Phi$ 时,则根据下式计算 p 点视差,其中 T_c 为色彩阈值,在获得 p 点视差之后,将 p 点加入可信点集合 R^* 中;当 $D(p) = \Phi$ 或者根据下式计算的视差为空时,则转入步骤(1)选择下一个不可信点继续执行。

$$m(p) = \min_{q \in D(p)} \{ m(q) \,|\, d_c(p,q) \leqslant T_c \} \tag{3.30}$$

(3)反复迭代执行步骤(1)和步骤(2)直到 $R = R^*$ 为止。

该视差后处理方法涉及了一些经验参数的选取,这些经验参数具体设置是,色彩阈值 T_c 为 0.1;均值漂移算法的参数设置是,空间带宽 h_s 为 10,颜色带宽 h_r 为 7,图像分割块内

的最小像素数 M 为 30。

3.4　实验结果与分析

3.4.1　实验环境

为对本章提出的基于积分图像的快速小基高比立体匹配方法的有效性进行验证,采用了 C++ 语言,利用 VC++6.0 开发工具实现该方法,并在双核 2.2 GHz CPU, 2 GB 内存的计算机上进行了测试。实验部分首先理论分析了该方法中自适应窗口选择部分的时间复杂度;然后采用了 Delon、Facciolo 及 Igual 等人实验中所使用的航空摄影像对 Toulouse 对该方法的性能进行了测试,并与其他小基高比立体匹配方法的实验结果进行了对比,其他小基高比立体匹配方法主要包括:基于多分辨率的小基高比立体匹配方法 (Multiresolution Algorithm for Refined Correlation,MARC)、基于正则化的小基高比立体匹配方法(Regularization of MARC,REG−MARC)、基于区域合并的小基高比立体匹配方法(Region−Merging of MARC,MERGE−MARC);最后利用明德(Middlebury)网站提供的立体像对 Tsukuba、Venus、Sawtooth 和 Cones 对所提方法进行了实验验证。

3.4.2　时间复杂度分析

当参考图像中的像素个数为 M,窗口选择范围为 $[W_{\min},W_{\max}]$ 时,没有采用任何加速技术直接实现自适应窗口选择公式的时间复杂度为

$$O\Big(M \times \sum_{k=W_{\min}}^{W_{\max}} k^2\Big)$$

而利用积分图像技术实现该自适应窗口选择公式的时间复杂度仅为 $O(M)$。这表明快速实现自适应窗口选择公式的时间复杂度独立于窗口大小。表 3.1 给出了当 $W_{\min}=5$, $W_{\max}=21$,误差精度 $\alpha=0.2$ 时,快速实现自适应窗口选择公式与 Delon、Facciolo 及 Igual 等人所提方法中直接实现自适应窗口选择公式的运行时间对比。通过表 3.1 可以看出,快速实现自适应窗口选择公式的计算时间要远远小于直接实现自适应窗口选择公式的计算时间,这大大提高了立体匹配方法的匹配效率。

表 3.1　窗口选择的运行时间对比

Toulouse 立体像对	分辨率	直接实现自适应窗口 /s	快速自适应窗口 /s
	512×512	127.75	0.81

3.4.3　匹配精度分析

Toulouse 立体像对如图 3.5 所示,这是一幅航空摄影像对,是在基高比 B/H 约为 0.045 的情况下获取的,获取时间间隔为 20 min。这幅立体像对的分辨率为 512×512,地面分辨率 R 为 0.5,视差搜索范围为 $[-2,2]$。由于这幅立体像对两次成像的时间间隔较

长,因此立体像对中移动的目标物体变化较大,造成了场景之间的不一致性,同时较长的成像时间间隔也增加了左右图像间的辐射差异,这些因素在一定程度上都增加了视差的估计难度。

(a) 左图像   (b) 右图像

图 3.5   Toulouse 立体像对

图 3.6 所示为 Delon、Facciolo 及 Igual 等人所提的小基高比立体匹配方法的实验结果与本章所提方法实验结果的对比。图 3.6 (a) 显示了立体像对 Toulouse 的真实视差图;图 3.6 (b) ~ (d) 分别显示了基于 MARC 的小基高比立体匹配方法、基于 REG－MARC 的小基高比立体匹配方法及基于 MERGE－MARC 的小基高比立体匹配方法的实验结果;图 3.6 (e) 显示了在视差填充阶段所使用的图割结果;图 3.6(f) 显示了每一可信点的支撑窗口大小,其中绿色部分表示不可信点,它们没有支撑窗口,匹配过程中不计算它们的视差值,而其他像素点的灰度值则代表该点的支撑窗口大小,灰度值越大代表的支撑窗口越大,通过该图可以看出物体边界处的支撑窗口相对较小,这些较小的支撑窗口可以有效避免窗口跨越物体边界而产生的"黏合"现象;图 3.6 (g) 显示了可信点视差,其中红色部分表示不可信点,它们在匹配过程中没有获得视差值,这些不可信点来自于两个部分,一部分来自于自适应窗口阶段,在窗口大小选择范围内没有满足自适应窗口公式的点,另一部分来自于视差计算阶段中没有通过可靠性约束的点;图 3.6 (h) 显示了本章所提方法最终获得的稠密视差图。通过图 3.6(b) ~ (d) 所示的视差图可以看出,这些视差图中的物体边缘参差不齐,未能很好地刻画物体的形状,利用这些视差图进行三维重建时会造成较大的误差。本章所提方法生成的视差图(图 3.6 (h))在物体边缘处的效果要明显优于其他小基高比立体匹配方法,视差图中的噪声较小,并精确反映了场景的细节信息,可获得较好的三维重建效果。

为了定量分析小基高比立体匹配方法的性能,利用均方根误差(Root － Mean － Squared Error,RMSE)和运行时间评价了本章所提方法与 Delon、Facciolo 及 Igual 等人所提方法生成的 Toulouse 视差图。表 3.2 为对比结果,该表中第一列为比较方法名称,第二列为可信点的均方根误差,第三列为全部像素点的均方根误差,第四列为算法的总体运行时间。从该实验的对比结果可以看出,本章提出的小基高比立体匹配方法不但匹配精度较高,而且匹配速度快。

(a) 真实视差图　　　　(b) MARC 结果　　　　(c) REG-MARC 结果

(d) MERGE-MARC 结果　　(e) 图割结果　　(f) 可信点支撑窗口大小

(g) 可信点视差　　　　(h) 稠密视差图

图 3.6　Toulouse 实验结果对比（彩图见附录）

表 3.2　均方根误差和运行时间对比结果

方法	可信点均方根误差 /pixel	所有点均方根误差 /pixel	运行时间 /s
本章所提方法	0.230 9	0.241 7	25.968
MARC	0.319 5	0.322 3	244.763
REG — MARC	0.260 2	0.273 3	4 375.593
MERGE — MARC	0.249 4	0.273 2	1 212.841

　　本章采用了 Middlebury 网站上提供的 Tsukuba、Venus、Sawtooth 及 Cones 四幅立体像对对所提方法进行实验验证，实验结果如图 3.7 所示。图 3.7 从上而下显示的分别为立体像对 Tsukuba、Venus、Sawtooth 及 Cones，每一组从左至右显示的分别为图像、真实视差图、可信点视差图及稠密视差图。从图 3.7 显示的实验结果可以看出，本章提出的小基高比立体匹配方法最终生成的稠密视差图与真实视差图更为接近，具有较高的正确

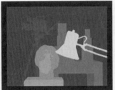

(a) Tsukuba图像、真实视差图、可信点视差图及稠密视差图

(b) Venus图像、真实视差图、可信点视差图及稠密视差图

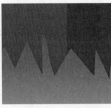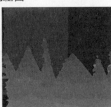

(c) Sawtooth图像、真实视差图、可信点视差图及稠密视差图

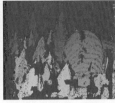

(d) Cones图像、真实视差图、可信点视差图及稠密视差图

图 3.7　Middlebury 立体像对的实验结果（彩图见附录）

匹配率，在非纹理区域和物体边界处也具有较好的匹配效果。为了定量分析该实验结果，本章采用均方根误差对这四幅立体像对的可信点进行了评测，实验结果见表 3.3。该实验结果表明所提方法优于其他小基高比立体匹配方法。

表 3.3　Middlebury 立体像对实验结果的均方根误差　　　　　　　　pixel

方法	Tsukuba	Venus	Sawtooth	Cones
本章所提方法	0.357 1	0.225 0	0.231 7	0.819 4
MARC	0.594 9	0.305 1	0.346 5	0.981 5
REG－MARC	0.475 2	0.292 7	0.312 2	0.865 8
MERGE－MARC	0.407 3	0.274 5	0.262 1	0.847 1

　　图 3.8 所示为立体像对 Tree（树）实验结果对比，图中显示的是基于 MARC 的小基高比立体匹配方法、基于 REG－MARC 的小基高比立体匹配方法、基于 MERGE－MARC 的小基高比立体匹配方法及所提方法的实验结果对比。该实验采用一幅由树构

成的真实场景,由于是实景拍摄,因此没有提供真实视差图。图 3.8(c)~(f)分别显示了这几种方法的实验结果,从实验结果可以看出 MARC 和 REG-MARC 的实验结果在背景区域存在明显的错误匹配;MERGE-MARC 的实验结果在树干部分的匹配效果较差,在树干上部产生了断裂;而所提方法的实验结果在物体边界处要明显优于其他方法。

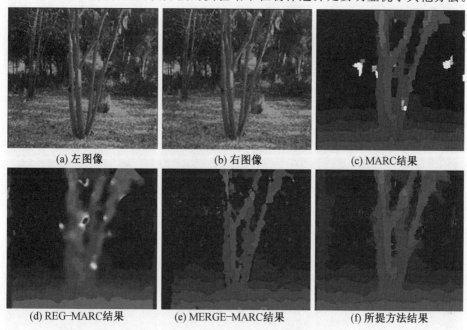

(a) 左图像　　　　(b) 右图像　　　　(c) MARC结果

(d) REG-MARC结果　　(e) MERGE-MARC结果　　(f) 所提方法结果

图 3.8　立体像对 Tree(树) 实验结果对比

图 3.9 所示为立体像对 Building(城市建筑物) 实验结果对比,图中为一幅模拟的小基高比立体像对,其基高比为 0.05。由于模拟条件所限,立体像对中存在较多的阴影及辐射差异,这些因素增加了立体匹配的难度,因此视差图中存在较多的错误匹配。图 3.9(c)~(f)分别显示了这几种方法的实验结果,从实验结果可以看出,所提方法整体上优于其他三种方法。图 3.10 所示为不同基高比立体像对实验结果对比,图中显示的是本章提出的小基高比立体匹配方法在不同基高比立体像对下的实验结果,从实验结果可以看出,当基高比增加时,视差图的错误匹配率也随之增加,这是因为当基高比增加时,立体像对中的辐射差异及几何畸变也随之增加,致使立体匹配方法产生了大量的错误匹配。从图 3.10(a)~(f)显示的结果可以看出,当基高比为 0.05 时,生成的视差图要明显优于其他基高比的视差图。

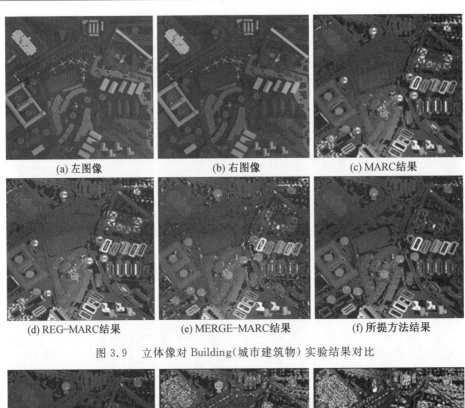

(a) 左图像   (b) 右图像   (c) MARC结果

(d) REG-MARC结果   (e) MERGE-MARC结果   (f) 所提方法结果

图 3.9　立体像对 Building（城市建筑物）实验结果对比

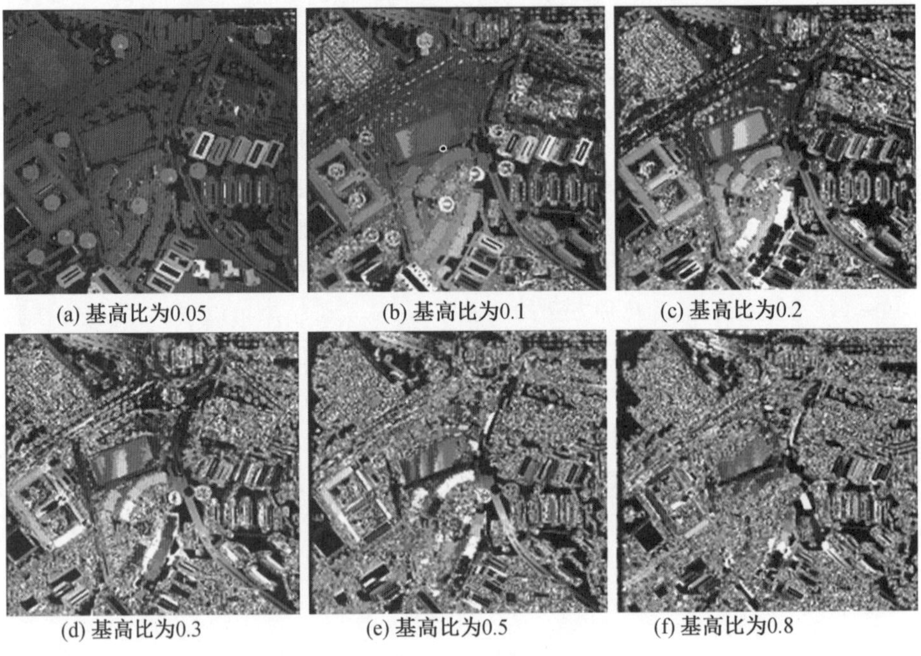

(a) 基高比为0.05   (b) 基高比为0.1   (c) 基高比为0.2

(d) 基高比为0.3   (e) 基高比为0.5   (f) 基高比为0.8

图 3.10　不同基高比立体像对实验结果对比

3.5 本章小结

  本章首先介绍了小基高比立体匹配的基本原理,然后分析了小基高比立体匹配方法中存在的问题,并针对这些问题提出一种基于积分图像的快速小基高比立体匹配方法。该方法首先通过积分图像技术计算支撑窗口大小和规范互相关系数,有效提高了立体匹配方法的匹配效率;然后通过自适应窗口与多窗口相结合累积匹配代价,同时在视差计算过程中施加可靠性约束,提高了视差的匹配准确率;最后通过基于图割的迭代传播视差后处理方法获得了稠密视差图。实验结果表明本章提出的快速小基高比立体匹配方法具有匹配准确率高、匹配速度快等优点,具有很好的实用性。

第4章 基于相关基本等式的视差校正方法

4.1 概　　述

第 3 章详细讨论了基于小基高比的立体匹配方法,并且证明了在小基高比立体匹配方法中存在一个重要的等式,该等式在 Delon 等人所提方法中被称为相关基本等式(central equation of correlation)。相关基本等式是关于计算视差 $m(x_0)$ 与真实视差函数 $\varepsilon(x)$ 的一个等式,即每一像素点的计算视差等于其支撑窗口内所有像素点真实视差的权重平均。可对该等式进行求解恢复其真实视差函数,提高视差的匹配精度,缓解小基高比立体匹配当中存在的边界膨胀问题即"黏合"现象。求解相关基本等式属于数学上的反问题,其特点是具有不适定性。为使等式求解问题变得适定可解,需要首先对不适定的相关基本等式进行规范化,然后把求解不适定的等式问题转化为求解适定的目标泛函极值问题,最后通过求解函数极值技术获得原问题的近似解。求解相关基本等式的关键问题是建立目标泛函,而在建立目标泛函的过程中最重要的部分则是正则项和正则参数的选择。正则项即平滑项或惩罚项,其作用是对不适定问题进行约束使其变得适定可解,一般是根据先验假设及实际问题的需要进行构建。常用的经验假设是问题解连续变化性质,即对解的不连续性进行惩罚。目前,正则项的选取主要分为视差驱动的正则项和图像驱动的正则项两大类。正则参数的作用是平衡解的近似程度及其平滑性,选取方法可分为先验选取方法和后验选取方法两类,其中先验选取方法就是在计算正则解之前事先已经确定了正则参数的数值,该数值一般是根据问题的先验信息进行选取,在计算过程中一般是恒定不变的,其缺点是在实际计算过程中很难给出合理准确的数值;而后验选取方法是在计算正则解的过程中根据一定的准则确定正则参数使其与误差水平相匹配,该数值一般是随着误差水平不断变化的,因此使用该方法选择的正则参数更为合理准确,可以对解的近似程度及其平滑性起到有效的平衡作用。

本章针对小基高比立体匹配当中存在的相关基本等式,提出一种基于相关基本等式的视差校正方法来减少立体匹配当中的"黏合"现象,该方法首先对相关基本等式进行正则化处理,建立目标泛函以使问题变得适定可解,然后根据梯度下降法进行迭代求解。该方法主要有以下三点贡献。

① 本章提出一种新的正则项对相关基本等式进行约束,该正则项由两部分组成,第一部分要求真实解不能与整数级阶段计算的视差产生过大的偏离,第二部分则是对视差施加平滑性限制。

② 本章推广了基于双参数法的正则参数选取以适合本章建立的目标泛函,该方法属于后验选取方法。

③ 本章提出一种自适应步长计算方法,选择步长大小以提高梯度下降法的收敛速度并保证算法收敛到全局最优解。

4.2　黏合现象分析

Delon、Facciolo 及 Igual 等人提出的小基高比立体匹配方法属于基于局部的立体匹配方法,该类方法的匹配精度对支撑窗口大小的选择比较敏感,在非纹理区域需要选择较大的支撑窗口才可以获得可靠的匹配,但同时大支撑窗口会在物体边界处产生误匹配。这种误匹配产生的原因是支撑窗口在物体边界处包含了较多的其他场景元素,导致违背了"前视平坦"假设。这种误匹配在立体匹配中称为"黏合"现象,在视差图中表现为前景区的目标物体膨胀变大。"黏合"现象如图 4.1 所示,图中显示了一个由单个建筑物构成的立体像对,左图像中存在三个目标点 a、b、c,其中 a 点和 b 点位于背景区域,c 点位于建筑物的边缘上,它们在右图像中的对应点分别为 a'、b'、c',其视差分别为 0、d_b 和 d_c。在匹配过程中 b 点的支撑窗口跨越了建筑物边界致使窗口内的视差不一致,因此在 b 点计算的视差等于 c 点的视差,即 $d_b = d_c$,从而导致了前景区的建筑物膨胀变大。

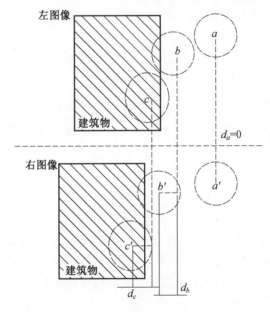

图 4.1　"黏合"现象

这种"黏合"现象的产生是由于支撑窗口内的匹配区域违背了"前视平坦"假设,即支撑窗口内所有像素点的视差并不完全等于某一恒定视差值。这一点可以通过进一步分析相关基本等式来证实,相关基本等式已在第 3 章式(3.7)中给出,为了便于说明,本章在此再次给出此等式,即

$$\langle d_{x_0}^{\tau_{m(x_0)}u}, m(x_0)\rangle_{\varphi_{x_0}} \simeq \langle d_{x_0}^{\tau_{m(x_0)}u}, \varepsilon(x)\rangle_{\varphi_{x_0}} \tag{4.1}$$

式中,$m(x_0)$ 表示 x_0 点的计算视差;$\varepsilon(x)$ 表示 x 点的真实视差函数;φ_{x_0} 表示以 x_0 点为中心的支撑窗口,$\varphi_{x_0} = \varphi(x_0 - x)$;$d_{x_0}^{\tau_{m(x_0)}u}$ 表示匹配图像 u 在 x_0 点的相关密度函数,其数学

表达式为

$$d^{\tau_{m(x_0)}u}_{x_0} : x \rightarrow \frac{\parallel \tau_{m(x_0)}u \parallel^2_{\varphi_{x_0}} \tau_{m(x_0)}u'^2(x) - \langle \tau_{m(x_0)}u, \tau_{m(x_0)}u' \rangle_{\varphi_{x_0}} \tau_{m(x_0)}u(x)\tau_{m(x_0)}u'(x)}{\parallel \tau_{m(x_0)}u \parallel^4_{\varphi_{x_0}}}$$

$$(4.2)$$

由于相关基本等式(4.1)中的 $\tau_{m(x_0)}u$ 可以通过参考图像 $\tilde{u}$ 近似,因此相关基本等式 (4.1) 可以重写为

$$\langle d^{\tilde{u}}_{x_0}, m(x_0) \rangle_{\varphi_{x_0}} \simeq \langle d^{\tilde{u}}_{x_0}, \varepsilon(x) \rangle_{\varphi_{x_0}} \qquad (4.3)$$

其展开式为

$$m(x_0)\int d^{\tilde{u}}_{x_0}(x)\varphi(x_0 - x)\mathrm{d}x = \int \varepsilon(x)d^{\tilde{u}}_{x_0}(x)\varphi(x_0 - x)\mathrm{d}x \qquad (4.4)$$

式中,$d^{\tilde{u}}_{x_0}(x)$ 的表达式为

$$d^{\tilde{u}}_{x_0}(x) : x \rightarrow \frac{\parallel \tilde{u} \parallel^2_{\varphi_{x_0}} \tilde{u}'^2(x) - \langle \tilde{u}, \tilde{u}' \rangle_{\varphi_{x_0}} \tilde{u}(x)\tilde{u}'(x)}{\parallel \tilde{u} \parallel^4_{\varphi_{x_0}}} \qquad (4.5)$$

式(4.4)表明,相关基本等式仅与计算视差 $m(x_0)$ 和参考图像 $\tilde{u}$ 相关,与匹配图像 u 无关。根据式(4.4),计算视差 $m(x_0)$ 可以表达为

$$m(x_0) = \frac{\int \varepsilon(x)d^{\tilde{u}}_{x_0}(x)\varphi(x_0 - x)\mathrm{d}x}{\int d^{\tilde{u}}_{x_0}(x)\varphi(x_0 - x)\mathrm{d}x} \qquad (4.6)$$

式(4.6)表明,计算视差 $m(x_0)$ 是支撑窗口内所有像素点的真实视差函数 $\varepsilon(x)$ 与其相关密度函数 $d^{\tilde{u}}_{x_0}(x)$ 的权重平均。当支撑窗口内所有像素点的视差为某一恒定值 c 时,即支撑窗口内的匹配区域符合"前视平坦"假设时,式(4.6)可以简化为

$$m(x_0) = \frac{c\int d^{\tilde{u}}_{x_0}(x)\varphi(x_0 - x)\mathrm{d}x}{\int d^{\tilde{u}}_{x_0}(x)\varphi(x_0 - x)\mathrm{d}x} = c \qquad (4.7)$$

式(4.7)表明,当支撑窗口内所有像素点的视差为某一恒定值时,根据小基高比立体匹配方法获得的计算视差等于其真实视差,否则计算视差将是其窗口内所有像素点的真实视差与其相关密度权重平均的结果,这种权重平均效应就是"黏合"现象。

4.3 相关基本等式求解

求解小基高比立体匹配当中的相关基本等式问题属于数学上的反问题,具有不适定性。为使等式求解问题变得适定可解,需要首先对不适定的相关基本等式进行规范化,然后把求解不适定的等式问题转化为求解适定的目标泛函极值问题,最后通过求解函数极值获得原问题的近似解。小基高比立体匹配中存在的相关基本等式(4.4)可表示为形如下式的第一类算子方程,其数学表达式为

$$(K\varepsilon)(x_0) = y(x_0) \qquad (4.8)$$

$$(K\varepsilon)(x_0) = \int \varepsilon(x) d_{x_0}(x) \varphi(x_0 - x) \mathrm{d}x \tag{4.9}$$

$$y(x_0) = m(x_0) \int d_{x_0}(x) \varphi(x_0 - x) \mathrm{d}x \tag{4.10}$$

在实际应用中,一般无法获知精确的右端数据项 y,通常情况下,仅能通过测量方法获得扰动后的方程右端数据 y^δ 以及误差水平 $\delta > 0$。为此,相关基本等式求解问题转化为求解扰动后的方程:

$$K\varepsilon^\delta = y^\delta \tag{4.11}$$

一般情况下,或者测量数据不在算子 K 的值域内,或者逆算子 K^{-1} 不存在抑或是个无界算子都可能导致方程(4.11)不可解。因此只能通过正则化方法求解相关基本等式的近似解 ε_α,且要求近似解 ε_α 必须连续地依赖测量数据 y^δ。正则化方法就是指构造一个有界线性算子族 $R_\alpha : Y \to X, \alpha > 0$,使得

$$\lim_{\alpha \to 0} R_\alpha K x = x, \quad \forall x \in X \tag{4.12}$$

即算子族 $R_\alpha K$ 逐点收敛于恒等算子,其中 α 为正则参数。根据 Tikhonov 正则化方法,构造算子 R_α 的过程实际上就是最小化目标泛函的过程,其目标泛函的一般形式为

$$E(\varepsilon) = \frac{1}{2} \| K\varepsilon - y \|^2 + \frac{\alpha}{2} \| J\varepsilon \|^2 \tag{4.13}$$

式(4.13)中的第一项为数据项,表示解与原始数据的逼近程度,即要求近似解逼近真解;第二项为正则项,其中 J 表示正则算子,这是为了克服问题的病态性而施加的一种先验信息,通常使用的先验信息是平滑性限制,该限制意味着惩罚视差的不连续变化,但尽量保持视差在物体边缘处的不连续变化; α 为正则参数,其作用是控制数据项和惩罚项之间的权重变化。为获得式(4.13)的极小值,本章采用了梯度下降法进行迭代求解。该方法需要获得式(4.13)的梯度方向,其数学表达式为

$$K^* K\varepsilon + \alpha J^* J\varepsilon = K^* y^\delta \tag{4.14}$$

其内积的表达式为

$$\langle K\varepsilon, Kf \rangle + \alpha \langle J\varepsilon, Jf \rangle = \langle y^\delta, Kf \rangle \tag{4.15}$$

实际上,该等式为目标泛函的欧拉－拉格朗日方程,然后沿着负梯度方向进行迭代求解,最后给出其传播反应等式方程为

$$\varepsilon_t = -[K^*(K\varepsilon - y^\delta) + \alpha J^* J\varepsilon] \tag{4.16}$$

式中, K^* 算子的数学表达式为

$$(K^* g)(x) = \int \overline{\varphi(x_0 - x) d_{x_0}(x)} g(x_0) \mathrm{d}x_0 \tag{4.17}$$

式中, $\bar{f}$ 上划线代表共轭。

到目前为止,本章已经从宏观上阐述了相关基本等式的求解方法,在上述求解过程中存在几个关键问题,分别是正则项的构建、正则参数的选择、估计观测误差及梯度下降法中步长的选择,接下来分别进行详细阐述。

4.4 正则化处理

4.4.1 正则项的构建

为使相关基本等式变得适定可解,需要根据一些先验信息构建正则项对相关基本等式进行正则化处理,在立体匹配当中经常使用的正则项都是根据空间场景曲面平滑变化这一性质构建的。本章针对小基高比立体匹配中相关基本等式的求解问题提出一种新的正则项。该正则项由两部分构成,第一部分是刻画真实视差与计算视差之间的偏离程度,即对偏离计算视差较大的视差进行惩罚;第二部分描述视差的平滑程度,即对视差的不连续变化进行惩罚,该正则项的数学表达式为

$$\| J\varepsilon \|^2 = \| \varepsilon(x) - m(x) \|^2 + \| \nabla\varepsilon \|_{H^1}^2 \tag{4.18}$$

式中,$\varepsilon(x)$ 表示真实视差;$m(x)$ 表示计算视差;$\nabla\varepsilon$ 表示视差梯度 $\left(\dfrac{\partial\varepsilon}{\partial x}, \dfrac{\partial\varepsilon}{\partial y}\right)^{\mathrm{T}}$。

式(4.18)中 $\| \varepsilon(x) - m(x) \|^2$ 和 $\| \nabla\varepsilon \|_{H^1}^2$ 的表达式为

$$\| \varepsilon(x) - m(x) \|^2 = \int (\varepsilon(x) - m(x))^2 \mathrm{d}x \tag{4.19}$$

$$\| \nabla\varepsilon \|_{H^1}^2 = \int \Psi(| \nabla\varepsilon |, | \nabla\tilde{u} |) \mathrm{d}x \tag{4.20}$$

本章提出的正则项的第二部分(即平滑项)可分为图像驱动的平滑项和视差驱动的平滑项两类。对于图像驱动的平滑项而言,它又可分为各向同性的图像驱动平滑项和各向异性的图像驱动平滑项两种。各向同性的图像驱动平滑项是基于视差边界通常为图像边界的子集这一原理,其数学表达式为

$$\Psi_{II}(| \nabla\varepsilon |, | \nabla\tilde{u} |) = g(| \nabla\varepsilon |^2) | \nabla\varepsilon |^2 \tag{4.21}$$

式中,g 为一个递减的、严格正定的函数。

为此,传播反应等式(4.16)可重写为

$$\varepsilon_t = -\{ K^*(K\varepsilon - y) + \alpha[(\varepsilon(x) - m(x)) + \mathrm{div}(g(| \nabla\tilde{u} |^2) \nabla\varepsilon)] \} \tag{4.22}$$

而各向异性的图像驱动平滑项的基本思想则是尽可能减少跨越边界的平滑,并鼓励视差沿着边界进行平滑,其数学表达式为

$$\Psi_{\mathrm{AI}}(| \nabla\varepsilon |, | \nabla\tilde{u} |) = \nabla\varepsilon^{\mathrm{T}} \boldsymbol{D}(\nabla\tilde{u}) \nabla\varepsilon \tag{4.23}$$

式中,$\boldsymbol{D}(\nabla\tilde{u})$ 是与 $\nabla\tilde{u}$ 正交的正则投影矩阵,其数学表达式为

$$\boldsymbol{D}(\nabla\tilde{u}) = \frac{1}{| \nabla\tilde{u} |^2 + 2\lambda^2}(\nabla\tilde{u}^\perp \nabla\tilde{u}^{\perp \mathrm{T}} + \lambda \boldsymbol{I}) \tag{4.24}$$

式中,$\boldsymbol{I}$ 表示单位矩阵。

由这个方法得出的传播反应等式为

$$\varepsilon_t = -\{ K^*(K\varepsilon - y) + \alpha[(\varepsilon(x) - m(x)) + \mathrm{div}(\boldsymbol{D}(\nabla\tilde{u}) \nabla\varepsilon)] \} \tag{4.25}$$

在式(4.25)中传播系数由标量值变为传播张量 $\boldsymbol{D}(\nabla\tilde{u})$,这种变化允许传播等式产生方向依赖的平滑行为,因此该方法被称为各向异性的。

图像驱动的平滑项在纹理丰富区域容易产生过分割现象,这是因为在这种情况下图下

像边界会远远多于视差边界。为减少在视差边界的平滑项,人们开始考虑单纯使用视差驱动的平滑项,其中经常使用的平滑项是各向同性的视差驱动平滑项,其数学表达式为

$$\Psi_{\mathrm{IF}}(|\nabla\varepsilon|,|\nabla\tilde{u}|)=\Phi(|\nabla\varepsilon|^2) \tag{4.26}$$

式中,$\Phi(s^2)$ 是一个可微的、递增的函数,其数学表达式为

$$\Phi(s^2)=\xi s^2+(1-\xi)\lambda^2\sqrt{1+s^2/\lambda^2} \tag{4.27}$$

由式(4.26)产生的传播反应等式为

$$\varepsilon_t=-\{K^*(K\varepsilon-y)+\alpha[(\varepsilon(x)-m(x))+\mathrm{div}(\Phi'(|\nabla\varepsilon|^2)\nabla\varepsilon)]\} \tag{4.28}$$

式中,函数 Φ 的导数 Φ' 的表达式为

$$\Phi'(s^2)=\xi+\frac{1-\xi}{\sqrt{1+s^2/\lambda^2}} \tag{4.29}$$

对于视差驱动的平滑项而言,还存在另一类方法即各向异性的视差驱动平滑项,其数学表达式为

$$\Psi_{\mathrm{AF}}(|\nabla\varepsilon|,|\nabla\tilde{u}|)=\mathrm{tr}\,\Phi(\nabla\varepsilon^{\perp}\,\nabla\varepsilon^{\perp\mathrm{T}}) \tag{4.30}$$

式中,符号 tr 表示矩阵的迹。函数 Φ 是一个矩阵值函数,其一般形式为

$$\Phi(\boldsymbol{A})=\sum_i\Phi(\sigma_i)\boldsymbol{\omega}_i\boldsymbol{\omega}_i^{\mathrm{T}} \tag{4.31}$$

式中,σ_i 表示矩阵 $\boldsymbol{A}$ 的特征值;$\boldsymbol{\omega}_i$ 表示对应的特征向量。

由式(4.30)产生的传播反应等式为

$$\varepsilon_t=-\{K^*(K\varepsilon-y)+\alpha[(\varepsilon(x)-m(x))+\mathrm{div}(\Phi'(\nabla\varepsilon\,\nabla\varepsilon^{\mathrm{T}})\nabla\varepsilon)]\} \tag{4.32}$$

式中,矩阵值函数的导数 $\Phi'(\boldsymbol{A})$ 的表达式为

$$\Phi'(\boldsymbol{A})=\sum_i\Phi'(\sigma_i)\boldsymbol{\omega}_i\boldsymbol{\omega}_i^{\mathrm{T}} \tag{4.33}$$

4.4.2　正则参数的选择

正则参数 α 的作用是平衡解的近似程度及其平滑性,其选取方法分为先验选取方法和后验选取方法。先验选取方法是在计算正则解之前事先确定正则参数的数值,该数值一般是根据问题的先验信息进行选取,在计算过程中一般是恒定不变的;后验选取方法是在计算正则解的过程中根据一定的准则确定正则参数使其与误差水平相匹配,该数值一般是随着误差水平不断变化的,该方法比先验选取方法更为实用。为此,本章利用后验选取方法选择正则参数,将基于双参数的后验正则参数选取方法推广至本章建立的目标泛函上,并给出一般性的证明。本节首先给出计算正则参数过程中所使用的几个法则及其证明过程。

定义 4.1　令 $F(\alpha)$ 是关于正则参数 α 的函数,其函数的一般形式为

$$F(\alpha)=\frac{1}{2}\parallel K\varepsilon(\alpha)-y\parallel^2+\frac{\alpha}{2}\parallel J\varepsilon(\alpha)\parallel^2 \tag{4.34}$$

法则 4.1　如果函数 $F(\alpha)$ 是一个可微函数,则函数 $F(\alpha)$ 存在一阶导数及二阶导数,数学表达式分别为

$$F'(\alpha)=\frac{1}{2}\parallel J\varepsilon(\alpha)\parallel^2 \tag{4.35}$$

$$F''(\alpha) = \langle J\varepsilon(\alpha), J\varepsilon'(\alpha)\rangle \tag{4.36}$$

证明

$$F'(\alpha) = \langle K\varepsilon(\alpha) - y, K\varepsilon'(\alpha)\rangle + \frac{1}{2}\parallel J\varepsilon(\alpha)\parallel^2 + \alpha\langle J\varepsilon(\alpha), J\varepsilon'(\alpha)\rangle$$

$$= \langle K\varepsilon(\alpha), K\varepsilon'(\alpha)\rangle - \langle y, K\varepsilon'(\alpha)\rangle + \alpha\langle J\varepsilon(\alpha), J\varepsilon'(\alpha)\rangle + \frac{1}{2}\parallel J\varepsilon(\alpha)\parallel^2$$

根据式(4.15)可得

$$\langle K\varepsilon(\alpha), K\varepsilon'(\alpha)\rangle - \langle y, K\varepsilon'(\alpha)\rangle + \alpha\langle J\varepsilon(\alpha), J\varepsilon'(\alpha)\rangle = 0$$

因此,可得

$$F'(\alpha) = \frac{1}{2}\parallel J\varepsilon(\alpha)\parallel^2$$

通过对函数 $F(\alpha)$ 的一阶导数再次求导可得

$$F''(\alpha) = \left(\frac{1}{2}\parallel J\varepsilon(\alpha)\parallel^2\right)' = \left(\frac{1}{2}\langle J\varepsilon(\alpha), J\varepsilon(\alpha)\rangle\right)' = \langle J\varepsilon(\alpha), J\varepsilon'(\alpha)\rangle$$

证明完毕。

法则 4.2   函数 $F(\alpha)$ 是一个关于正则参数 α 的函数,对任意给定的 $\alpha > 0$,都有

$$2\alpha F'(\alpha) + 2F(\alpha) + \langle K\varepsilon(\alpha), K\varepsilon(\alpha)\rangle = 2C_0 \tag{4.37}$$

证明

根据式(4.14),有

$$K^*K\varepsilon(\alpha) + \alpha J^*J\varepsilon(\alpha) = K^*y^\delta$$

对上式两边关于 α 求导,并与 $\varepsilon(\alpha)$ 求内积可得

$$\langle K\varepsilon'(\alpha), K\varepsilon(\alpha)\rangle + \langle J_\beta\varepsilon(\alpha), J_\beta\varepsilon(\alpha)\rangle + \alpha\langle J_\beta\varepsilon'(\alpha), J_\beta\varepsilon(\alpha)\rangle = 0$$

根据法则4.1,上式可以转化为

$$2F'(\alpha) + \alpha F''(\alpha) + \frac{1}{2}\frac{\mathrm{d}}{\mathrm{d}\alpha}\langle K\varepsilon(\alpha), K\varepsilon(\alpha)\rangle = 0$$

对上式两边积分可得

$$2\alpha F'(\alpha) + 2F(\alpha) + \langle K\varepsilon(\alpha), K\varepsilon(\alpha)\rangle = 2C_0$$

证明完毕。

正则参数的选择至关重要,它关系到近似解能否合理地逼近真实解,并给出原问题解的合理近似。由于基于后验的正则参数选择方法是根据实际问题计算正则参数的,因此该方法可以获得更加合理的正则参数。为此,本章采用了一种基于后验的正则参数选择方法,该方法根据 Morozov 偏差原理计算正则参数。根据该原理选择正则参数就是选择一参数 $\alpha = \alpha(\delta)$,使得正则化解满足 Morozov 偏差方程,即

$$\parallel K\varepsilon(\alpha) - y^\delta\parallel^2 = \delta^2 \tag{4.38}$$

式中,δ 表示观测误差,其表达式为

$$\delta = \parallel y - y^\delta\parallel$$

通过对 Morozov 偏差方程式(4.38)变形,可得

$$2\left(\frac{1}{2}\parallel K\varepsilon(\alpha) - y\parallel^2 + \frac{\alpha}{2}\parallel J\varepsilon(\alpha)\parallel^2\right) - 2\left(\frac{1}{2}\alpha\parallel J\varepsilon(\alpha)\parallel^2\right) = \delta^2 \tag{4.39}$$

然后,通过将 $F(\alpha)$ 和 $F'(\alpha)$ 的表达式(4.34)及式(4.35)代入式(4.39),可将 Morozov 偏差方程式(4.38)变形为

$$F(\alpha) - \alpha F'(\alpha) = \frac{1}{2}\delta^2 \qquad (4.40)$$

如果已知函数 $F(\alpha)$ 和 $F'(\alpha)$ 的显式表达式,则可以通过求解式(4.40)获得正则参数值,但函数 $F(\alpha)$ 和 $F'(\alpha)$ 是关于真实视差函数 $\varepsilon(\alpha)$ 的函数,不存在显式的数学表达式,这时则需要估计一个模型函数 $m(\alpha)$ 近似函数 $F(\alpha)$,然后通过式(4.40)进行迭代求解获得正则参数值。为估计函数 $F(\alpha)$ 的模型函数 $m(\alpha)$,首先对式(4.37)的第三项进行如下近似,即

$$\langle K\varepsilon(\alpha), K\varepsilon(\alpha)\rangle \approx T_1\langle J\varepsilon(\alpha), J\varepsilon(\alpha)\rangle \qquad (4.41)$$

式中,T_1 是待定常数。

然后,根据式(4.41),将式(4.37)中的函数 $F(\alpha)$ 用模型函数 $m(\alpha)$ 代替,可得

$$\alpha m'(\alpha) + m(\alpha) + T_1 m'(\alpha) = C_0 \qquad (4.42)$$

再对等式(4.42)两边积分得

$$m(\alpha) = C_0 + \frac{C_1}{T_1 + \alpha} \qquad (4.43)$$

为了简化模型函数 $m(\alpha)$ 的表达形式,令 $m(0)=0$,其模型函数 $m(\alpha)$ 的表达式可以简化为

$$m(\alpha) = C\left(1 - \frac{T}{T + \alpha}\right) \qquad (4.44)$$

然后,对模型函数 $m(\alpha)$ 关于参数 α 求导可得

$$m'(\alpha) = \frac{CT}{(T + \alpha)^2} \qquad (4.45)$$

至此为止,已经获得了函数 $F(\alpha)$ 的模型函数 $m(\alpha)$ 及其一阶导数的表达式,然后将其代入 Morozov 偏差方程式(4.40)获得一个关于正则参数 α 的方程,再通过对其求解获得正则参数值,具体的正则参数迭代求解过程如下。

(1)设置初始正则参数 α_0 及 $k=0$。

(2)首先根据式(4.34)和式(4.35)计算 $F(\alpha_k)$ 和 $F'(\alpha_k)$,然后根据式(4.46)计算 C_k 和 T_k。

$$\begin{cases} m(\alpha_k) = C_k\left(1 - \dfrac{T_k}{T_k + \alpha_k}\right) = F(\alpha_k) \\[2mm] m'(\alpha_k) = \dfrac{C_k T_k}{(T_k + \alpha_k)^2} = F'(\alpha_k) \end{cases} \qquad (4.46)$$

通过求解式(4.46)可得

$$\begin{cases} T_k = \dfrac{\alpha_k^2 F'(\alpha_k)}{F(\alpha_k) - \alpha_k F'(\alpha_k)} \\[3mm] C_k = \dfrac{F^2(\alpha_k)}{F(\alpha_k) - \alpha_k F'(\alpha_k)} \end{cases} \qquad (4.47)$$

(3)设置如下两个等式:

$$\begin{cases} m(\alpha_{k+1}) = C_k \left(1 - \dfrac{T_k}{T_k + \alpha_{k+1}}\right) \\ m'(\alpha_{k+1}) = \dfrac{C_k T_k}{(T_k + \alpha_{k+1})^2} \end{cases} \tag{4.48}$$

(4) 将式(4.48)代入 Morozov 偏差方程的近似形式

$$m(\alpha_{k+1}) - \alpha_{k+1} m'(\alpha_{k+1}) = \frac{1}{2}\delta^2 \tag{4.49}$$

然后通过求解式(4.49)获得正则参数 α_{k+1}。

(5) 如果 $|\alpha_{k+1} - \alpha_k|$ 小于某一阈值则停止迭代,否则转入步骤(1)继续迭代。

该方法在求解正则参数的过程中,涉及了求解一个关于正则参数 α 的一元二次方程,该方程位于该方法的步骤(4)中。由于一元二次方程存在两个根,而且正则参数 α 是一个正实数,因此要选择一个正实数作为正则参数的数值。鉴于此,需要对一元二次方程式(4.49)根的存在性和根的正负情况进行理论分析(即是否存在根,两个根都是正的,或者都是负的,抑或一正一负)。为了证明一元二次方程式(4.49)存在实数根,首先将式(4.49)化成一元二次方程的标准形式 $ax^2 + bx + c = 0$。

证明

由式(4.48)可得

$$\begin{cases} m(\alpha_{k+1}) = C_k \left(1 - \dfrac{T_k}{T_k + \alpha_{k+1}}\right) = \dfrac{C_k \alpha_{k+1}}{T_k + \alpha_{k+1}} \\ m'(\alpha_{k+1}) = \dfrac{C_k T_k}{(T_k + \alpha_{k+1})^2} \end{cases} \tag{4.50}$$

然后,将式(4.50)代入式(4.49)整理成一元二次方程的标准形式为

$$\begin{cases} \dfrac{\alpha_{k+1} C_k}{T_k + \alpha_{k+1}} - \dfrac{\alpha_{k+1} C_k T_k}{(T_k + \alpha_{k+1})^2} = \dfrac{1}{2}\delta^2 \\ 2\alpha_{k+1} C_k (T_k + \alpha_{k+1}) - 2\alpha_{k+1} C_k T_k = \delta^2 (T_k + \alpha_{k+1})^2 \\ 2\alpha_{k+1} C_k (T_k + \alpha_{k+1}) - 2\alpha_{k+1} C_k T_k = \delta^2 ((T_k)^2 + (\alpha_{k+1})^2 + 2T_k \alpha_{k+1}) \\ 2C_k T_k \alpha_{k+1} + 2C_k (\alpha_{k+1})^2 - 2C_k T_k \alpha_{k+1} = \delta^2 (T_k)^2 + \delta^2 (\alpha_{k+1})^2 + 2\delta^2 T_k \alpha_{k+1} \\ 2C_k (\alpha_{k+1})^2 = \delta^2 (T_k)^2 + \delta^2 (\alpha_{k+1})^2 + 2\delta^2 T_k \alpha_{k+1} \end{cases}$$

最后,一元二次方程的标准形式为

$$(\delta^2 - 2C_k)(\alpha_{k+1})^2 + 2\delta^2 T_k \alpha_{k+1} + \delta^2 (T_k)^2 = 0 \tag{4.51}$$

对于实系数一元二次方程 $ax^2 + bx + c = 0$,如果根的判别式 $\Delta = b^2 - 4ac \geqslant 0$,则该方程存在实根。因此为证明一元二次方程式(4.51)存在实根,则只需证明根的判别式 $\Delta = b^2 - 4ac \geqslant 0$ 即可。根据根的判别式可得

$$\begin{aligned} &b^2 - 4ac \\ =&(2\delta^2 T_k)^2 - 4(\delta^2 - 2C_k)\delta^2 (T_k)^2 \\ =&4\delta^4 (T_k)^2 - 4\delta^4 (T_k)^2 + 8C_k \delta^2 (T_k)^2 \\ =&8\delta^2 C_k (T_k)^2 \end{aligned} \tag{4.52}$$

因此只需证明 $8\delta^2 C_k (T_k)^2 \geqslant 0$ 即可。根据式(4.40)和式(4.47)可得

$$\begin{cases} \delta^2 = 2F(\alpha_k) - 2\alpha_k F'(\alpha_k) \\ C_k = \dfrac{F^2(\alpha_k)}{F(\alpha_k) - \alpha_k F'(\alpha_k)} \end{cases} \tag{4.53}$$

将式(4.53)代入式(4.52)可得

$$16(F(\alpha_k) - \alpha_k F'(\alpha_k)) \times \frac{F^2(\alpha_k)}{F(\alpha_k) - \alpha_k F'(\alpha_k)} \times (T_k)^2$$

$$= 16F^2(\alpha_k)(T_k)^2 \geqslant 0$$

由于一元二次方程根的判别式大于等于 0,因此可以得出一元二次方程式(4.49)存在实数根。

证明完毕。

到此为止,已经证明了一元二次方程(4.49)存在实数根。下一步将证明一元二次方程式(4.49)根的正负情况。根据韦达定理可以找出一元二次方程的根与方程中系数的关系为

$$x_1 \cdot x_2 = \frac{c}{a} \tag{4.54}$$

根据式(4.54)可以判定根的正负情况,如果 $x_1 \cdot x_2 > 0$,则表明一元二次方程存在两个正根或两个负根,如果 $x_1 \cdot x_2 < 0$,则表明一元二次方程存在一个正根和一个负根。根据上述原理,证明过程如下。

根据韦达定理可得

$$x_1 \cdot x_2 = \frac{c}{a} = \frac{\delta^2(T_k)^2}{\delta^2 - 2C_k} \tag{4.55}$$

由于分子 $\delta^2(T_k)^2 > 0$,因此只需证明分母 $(\delta^2 - 2C_k)$ 的正负情况。根据式(4.53),可将分母 $(\delta^2 - 2C_k)$ 转化为

$$\delta^2 - 2C_k$$

$$= 2F(\alpha_k) - 2\alpha_k F'(\alpha_k) - \frac{2F^2(\alpha_k)}{F(\alpha_k) - \alpha_k F'(\alpha_k)}$$

$$= \frac{2(F(\alpha_k) - \alpha_k F'(\alpha_k))^2 - 2F^2(\alpha_k)}{F(\alpha_k) - \alpha_k F'(\alpha_k)}$$

$$= \frac{2(F^2(\alpha_k) + (\alpha_k F'(\alpha_k))^2 - 2F(\alpha_k)\alpha_k F'(\alpha_k)) - 2F^2(\alpha_k)}{F(\alpha_k) - \alpha_k F'(\alpha_k)}$$

$$= \frac{2((\alpha_k F'(\alpha_k))^2 - 2\alpha_k F(\alpha_k)F'(\alpha_k))}{F(\alpha_k) - \alpha_k F'(\alpha_k)} \tag{4.56}$$

由于 $F'(\alpha_k) = \dfrac{1}{2} \parallel J\varepsilon(\alpha) \parallel^2 > 0, \alpha_k > 0, F(\alpha_k) = \dfrac{1}{2} \parallel K\varepsilon(\alpha_k) - y \parallel^2 + \dfrac{\alpha_k}{2}$ $\parallel J\varepsilon(\alpha_k) \parallel^2 > 0$,因此可得

$$\alpha_k F(\alpha_k)F'(\alpha_k) > 0$$

所以有

$$\frac{2((\alpha_k F'(\alpha_k))^2 - 2\alpha_k F(\alpha_k)F'(\alpha_k))}{F(\alpha_k) - \alpha_k F'(\alpha_k)} < \frac{2((\alpha_k F'(\alpha_k))^2 - \alpha_k F(\alpha_k)F'(\alpha_k))}{F(\alpha_k) - \alpha_k F'(\alpha_k)}$$

$$= 2\alpha_k F'(\alpha_k) \frac{\alpha_k F'(\alpha_k) - F(\alpha_k)}{F(\alpha_k) - \alpha_k F'(\alpha_k)}$$

$$= -2\alpha_k F'(\alpha_k)$$

又因为

$$F'(\alpha_k) = \frac{1}{2} \parallel J\varepsilon(\alpha) \parallel^2 > 0, \quad \alpha_k > 0$$

因此可得

$$x_1 \cdot x_2 < -2\alpha_k F'(\alpha_k) < 0$$

由此可以得出一元二次方程式(4.49)存在一个正根和一个负根,由于正则参数 α 是一个正实数,因此有

$$\alpha_{k+1} = \frac{-b + \sqrt{b^2 - 4ac}}{2a} = \frac{-2\delta^2 T_k + \sqrt{16\delta^2 C_k (T_k)^2}}{2(\delta^2 - 2C_k)} = \frac{\delta T_k (2\sqrt{C_k} - \delta)}{\delta^2 - 2C_k}$$

4.4.3 估计观测误差

计算正则参数 α 时,需要知道系统的真实误差水平 δ。在立体匹配过程中是无法事先获知立体匹配算法在匹配过程中所产生的误差水平,这种情况下最简单的处理方法就是给误差水平确定一个先验值,然而该方法会给正则参数选择带来较大的误差,从而影响相关基本等式的求解精度。为避免误差水平的先验估计值影响正则参数的选择,本章利用 Morozov 偏差原理对该误差水平进行了估计。首先根据 Morozov 偏差原理,有

$$F(0) < \frac{1}{2}\delta^2 \leqslant F(1) \tag{4.57}$$

根据式(4.57)可以推导出误差水平 δ 所存在的区间为

$$\sqrt{2F(0)} < \delta \leqslant \sqrt{2F(1)} \tag{4.58}$$

由于已经获知了误差水平的取值范围,因此可以在该区间内任取一个数值作为误差水平的估计值。在实际计算过程中本章利用模型函数 $m(\alpha)$ 代替式(4.58)中的函数 $F(\alpha)$,并选择区间的中值作为该误差水平的估计值,其误差水平的计算公式为

$$\delta = \frac{\sqrt{2m(0)} + \sqrt{2m(1)}}{2} \tag{4.59}$$

具体实现过程如下。

(1) 首先给定比例常数 $\sigma \in [0.5, 1]$ 和初始正则参数 $\alpha_0 > 0$。

(2) 利用式(4.34)和式(4.35)计算 $F(\alpha_0)$ 和 $F'(\alpha_0)$,然后利用式(4.44)、式(4.45)及式(4.60)计算出参数 C 和 T,并更新模型函数式(4.44)中的参数 C 和 T。

$$m(\alpha_0) = F(\alpha_0) \quad m'(\alpha_0) = F'(\alpha_0) \tag{4.60}$$

然后,计算正则参数 α_1,其计算公式为

$$m(\alpha_1) = \sigma y_0 \tag{4.61}$$

式中,y_0 为曲线 $y = m(\alpha)$ 上点 $(\alpha_0, m(\alpha_0))$ 的切线与 y 轴的截距,其数学表达式为

$$y_0 = m(\alpha_0) - \frac{CT\alpha_0}{(T + \alpha_0)^2} \tag{4.62}$$

(3) 根据步骤(2)中计算的正则参数 α_1,利用式(4.34)和式(4.35)计算 $F(\alpha_1)$ 和

$F'(\alpha_1)$，再利用式(4.37)计算参数 C_0，然后利用下式计算参数 C_1 和 T_1。

$$m(\alpha_1) = F(\alpha_1)\ ,\quad m'(\alpha_1) = F'(\alpha_1)$$
$$m(\alpha_1) = C_0 + \frac{C_1}{T_1 + \alpha_1},\quad m'(\alpha_1) = -\frac{C_1}{(T_1 + \alpha_1)^2} \tag{4.63}$$

(4) 利用模型函数式(4.43)计算 $m(0)$、$m(1)$，最后误差 δ 表示为

$$\delta = \frac{\sqrt{2m(0)} + \sqrt{2m(1)}}{2}$$

4.4.4　步长的选择

求解小基高比立体匹配中的相关基本等式最终转化为求解相应的传播反应等式，根据不同的正则项产生了不同的传播反应等式，如式(4.22)、式(4.25)、式(4.28)及式(4.32)。本章以式(4.22)为例说明传播反应等式的数值解法：

$$\frac{\varepsilon_{t+1} - \varepsilon_t}{\Delta t} = -\{K^*(K\varepsilon - y) + \alpha[(\varepsilon(x) - m(x)) + \mathrm{div}(g(|\nabla \tilde{u}|^2)\nabla\varepsilon)]\} \tag{4.64}$$

式中，Δt 为步长。

梯度下降法能否找到能量函数的全局最小值与算法的收敛速度很大程度上取决于每次迭代的步长大小。在计算步长 Δt 时，面临一个困难，即想要选择一个合适的步长 Δt 使能量函数在其梯度方向上给出最大的减少量，同时，又不想花费太多的时间。理想的步长为单变量步长函数的全局最小值，其步长函数为

$$\varphi(\Delta t) = E(x_k - \Delta t p_k) \tag{4.65}$$

式中，$p_k = K^*(K\varepsilon - y) + \alpha[(\varepsilon(x) - m(x)) + \mathrm{div}(g(|\nabla\tilde{u}|^2)\nabla\varepsilon)]$。

求解目标函数(4.65)的全局最小值将要花费很大的计算量，为此，在实际应用中一般都是执行一个不太精确的线性搜索过程确定步长大小，使能量函数有适当的减少量。根据这一目标要求，本章提出一种显式的步长计算公式，即

$$\Delta t = \frac{\|p_k\|^2}{\|Kp_k\|^2 + \alpha_k\|Jp_k\|^2} \tag{4.66}$$

证明

$$\varphi(\Delta t) = E(x_k - \Delta t p_k)$$

令 $\omega_{\Delta t} = x_k - \Delta t p_k$，可得

$$\varphi(\Delta t) = \frac{1}{2}\|K\omega_{\Delta t} - y\|^2 + \frac{\alpha}{2}\|J\omega_{\Delta t}\|^2$$
$$\varphi'(\Delta t) = \langle K\omega_{\Delta t} - y, K\omega'_{\Delta t}\rangle + \alpha\langle J\omega_{\Delta t}, J\omega'_{\Delta t}\rangle$$
$$= \langle K\omega_{\Delta t}, K\omega'_{\Delta t}\rangle - \langle y, K\omega'_{\Delta t}\rangle + \alpha\langle J\omega_{\Delta t}, J\omega'_{\Delta t}\rangle$$

令 $\varphi'(\Delta t) = 0$，并将 $\omega_{\Delta t} = x_k - \Delta t p_k$ 与 $\dfrac{\mathrm{d}\omega_{\Delta t}}{\mathrm{d}\Delta t} = -p_k$ 代入上式整理可得

$$\Delta t\{\langle Kp_k, Kp_k\rangle + \alpha_k\langle Jp_k, Jp_k\rangle\} = \langle Kx_k, Kp_k\rangle + \alpha_k\langle Jx_k, Jp_k\rangle - \langle y, Kp_k\rangle$$
$$= \langle Kx_k - y, Kp_k\rangle + \alpha_k\langle Jx_k, Jp_k\rangle$$
$$= \langle K^*(Kx_k - y), p_k\rangle + \alpha_k\langle J^*Jx_k, p_k\rangle$$
$$= \langle K^*(Kx_k - y) + \alpha_k J^*Jx_k, p_k\rangle$$

$$= \langle p_k, p_k \rangle = \| p_k \|^2$$

最后化简得

$$\Delta t = \frac{\| p_k \|^2}{\| K p_k \|^2 + \alpha_k \| J p_k \|^2}$$

证明完毕。

4.4.5 算法整体流程

本章通过求解小基高比立体匹配当中存在的相关基本等式来减少立体匹配当中的"黏合"现象,该方法的基本原理是在整数级视差的基础上通过对传播反应等式进行迭代更新来近似求解该等式,具体算法流程如下。

(1) 根据第 3 章提出的快速小基高比立体匹配方法获得初始测量视差 $m(x)$。

(2) 利用 4.4.3 节的算法获得误差水平 δ_k。

(3) 利用 4.4.2 节的算法计算正则参数 α_k。

(4) 根据步长计算公式(4.66)计算本次迭代的步长大小 Δt。

根据正则参数 α_k 和步长大小 Δt 迭代更新传播反应等式,如果 $\| \varepsilon_{k+1} - \varepsilon_k \| \leqslant \gamma$ 或者 $k \geqslant k_{\max}$ 则停止迭代,否则 $k = k + 1$ 转入步骤(2)继续迭代。

4.5 实验结果与分析

4.5.1 实验数据

为对本章提出的算法进行实验验证,本实验采用了 Middlebury 网站上提供的立体像对 Tsukuba、Venus、Sawtooth 及 Cones,如图 4.2 所示。图 4.2(a) 所示为立体像对 Tsukuba,其图像分辨率为 384×288,视差范围为 $[0,16]$。该立体像对是一幅场景较为复杂的立体像对,主要场景元素有人头、台灯、摄像机、桌子及书架。这些场景元素存在着很多遮挡、非纹理区域以及较强的镜面反射,这些因素都增加了立体匹配难度,容易导致误匹配。图 4.2(b) 所示为立体像对 Venus,其图像分辨率为 434×383,视差范围为 $[0,19]$。该立体像对前景区主要由纹理丰富的场景元素(彩色报纸及黑白报纸)构成,背景区域主要由水彩画构成。图 4.2(c) 所示为立体像对 Sawtooth,其图像分辨率为 434×380,视差范围为 $[0,19]$。该立体像对主要由锯齿状物体构成,纹理较为丰富,背景区域由水彩画构成。图 4.2(d) 所示为立体像对 Cones,其图像分辨率为 450×375,视差范围为 $[0,59]$。该立体像对主要由圆锥体、人脸面具及水杯构成,这些场景元素虽然纹理较为丰富,但是它们彼此之间存在较多的遮挡。

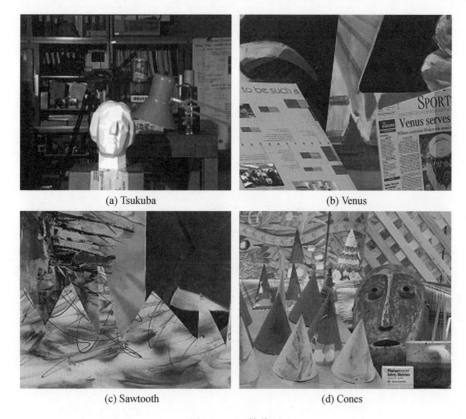

(a) Tsukuba
(b) Venus
(c) Sawtooth
(d) Cones

图 4.2　立体像对

4.5.2　实验环境及参数设置

本章实现了设计的四种正则项,它们分别是,各向同性图像驱动的正则项(Isotropic Image-Driven Regularization,IIDR)、各 向 异 性 图 像 驱 动 的 正 则 项(Anisotropic Image-Driven Regularization,AIDR)、各 向 同 性 视 差 驱 动 的 正 则 项(Isotropic Disparity-Driven Regularization,IDDR)及各向异性视差驱动的正则项(Anisotropic Disparity-Driven Regularization,ADDR)。前三种算法 IIDR、AIDR 及 IDDR 采用了 VC++6.0 实现。而算法 ADDR 由于涉及了矩阵分解,采用了 C++ 和 Matlab 混合编程方式实现,矩阵分解使用 Matlab 完成,其他部分则通过 C++ 实现。所有实现的算法都是在双核 2.2 GHz CPU,2 GB 内存的计算机上运行。

本章设计构建的正则项涉及了一些经验参数和经验函数的选择,在此给出该实验所使用的经验参数值和经验函数。各向同性图像驱动的正则项(IIDR)涉及了函数 g 的选择,它是一个递减的、严格正定函数。本实验使用的函数 $g(x)$ 的表达式为

$$g(x) = \mathrm{e}^{-x^{0.5}}$$

函数 $g(x)$ 的图形如图 4.3 所示。

在各向异性图像驱动的正则项(AIDR)中涉及了经验参数 λ,在该实验中 λ 取值为 0.1。在各向同性视差驱动的正则项(IDDR)和各向异性视差驱动的正则项(ADDR)中

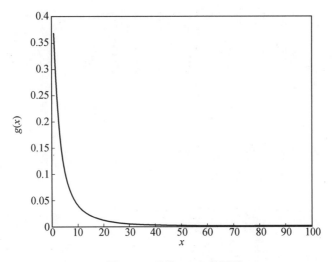

图 4.3　函数 $g(x)$ 的图形

涉及函数 $\Phi'(s^2)$，该函数涉及了 ξ 和 λ 两个参数，在该实验中这两个参数的取值分别为 0.1、2.1，函数 $\Phi'(s^2)$ 的图形如图 4.4 所示。

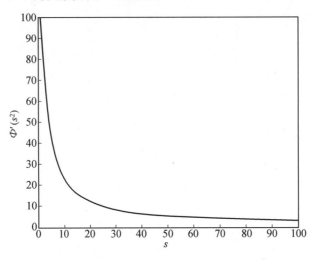

图 4.4　函数 $\Phi'(s^2)$ 的图形

4.5.3　实验结果对比

本章提出的基于相关基本等式的视差校正方法的实验结果对比如图 4.5 所示。图 4.5 自上而下分别显示了立体像对 Tsukuba、Venus、Sawtooth 及 Cones 的实验结果，且每一行从左至右所示分别为本章提出的四个正则项（各向同性图像驱动的正则项（IIDR）、各向异性图像驱动的正则项（AIDR）、各向同性视差驱动的正则项（IDDR）及各向异性视差驱动的正则项（ADDR））所对应的实验结果。为对该实验结果进行定量分析，本章采用了好点百分数对其进行评价：

$$P = \frac{1}{N}(\mid d_c(x,y) - d_r(x,y) \mid \leqslant \delta_d)$$

式中, $d_c(x,y)$ 表示 (x,y) 点的计算视差值; $d_r(x,y)$ 表示 (x,y) 点的真实视差值; δ_d 表示视差的错误阈值, 在该实验中错误阈值取为 $\delta_d = 1$; N 表示视差图中的像素点总数。好点百分数比较结果见表 4.1, 表中显示了立体像对在不同正则项下的实验结果, 其值越大, 表明匹配效果越好。由表 4.1 可见, 基于各向异性视差驱动的正则项(ADDR)的实验结果要优于基于其他正则项的实验结果。

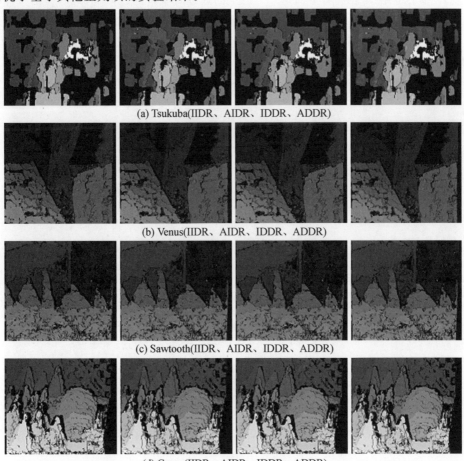

(a) Tsukuba(IIDR、AIDR、IDDR、ADDR)

(b) Venus(IIDR、AIDR、IDDR、ADDR)

(c) Sawtooth(IIDR、AIDR、IDDR、ADDR)

(d) Cones(IIDR、AIDR、IDDR、ADDR)

图 4.5　实验结果对比

表 4.1　好点百分数比较结果　　　　　　　　　　　　%

正则项	Tsukuba	Venus	Sawtooth	Cones
IIDR	93.57	95.63	93.65	84.11
AIDR	93.00	96.84	93.72	83.93
IDDR	93.58	96.63	93.68	84.06
ADDR	95.59	97.52	94.97	85.41

4.6　本章小结

　　本章首先分析了"黏合"现象与相关基本等式之间的关系,然后在此基础上提出了基于相关基本等式的视差校正方法。该方法首先提出四种正则项规范其求解过程;然后推广了基于双参数的后验正则参数选取方法选择正则参数,以平衡正则解的稳定性与逼近性问题,使算法能在其解空间中找到一个稳定的逼近真实解的近似解;最后提出一种自适应步长选择方法,自适应地选择步长大小以解决梯度下降法的收敛速度慢和容易陷入局部最优的问题。实验结果表明该方法在一定程度上减少了小基高比立体匹配当中的"黏合"现象,提高了视差匹配的准确率。

第5章 基于动态规划的快速立体匹配方法

5.1 概　　述

基于动态规划的立体匹配方法是一种全局立体匹配方法,具有实现简单、效率高等特点。该类方法每次仅优化一个扫描行,因此它并不是真正意义上的全局立体匹配方法,而是一种半全局立体匹配方法。正是由于这种半全局特点,因此立体匹配方法在匹配过程中缺少行间一致性约束,致使视差图中出现较为明显的"条纹"现象。目前,大部分学者都主要集中在动态规划立体匹配方法中的两大问题,一是解决匹配中的"条纹"现象,使用的方法包括 Bobick、Kim、Veksler、Birchfield 及 Cai 等人所提出的方法;二是加快动态规划立体匹配方法的匹配速度使之成为一种实时的立体匹配方法,这类方法主要包括 Birchfield 、Gong 及 Salmen 等人所提出的方法。Birchfield 等人提出一种基于点对点(pixel-to-pixel)的动态规划立体匹配方法,该方法由匹配阶段和后处理阶段两个阶段构成。在匹配阶段,Birchfield 等人提出一对对称的动态规划立体匹配算法 —— 向后看算法(Backward-Looking Algorithm,BLA)和向前看算法(Forward-Looking Algorithm,FLA)。这两种算法在计算最优路径的过程中执行了大量的冗余计算,为此 Birchfield 等人提出一种快速向前看算法(Fast-Forward-Looking Algorithm,FFLA),该算法以向前看算法为基础通过修剪策略减少了大量的冗余计算,提高了算法的匹配速度,但该算法最终导致解路径损失了最优性。在后处理阶段,该算法通过使视差在扫描行间传播获得稠密视差图,同时解决了匹配中存在的"条纹"现象。

在 Birchfield 等人所描述的基于点对点的动态规划立体匹配方法的基础上提出一种基于动态规划的快速立体匹配方法。该方法首先提出一种基于自适应权重的累积策略并用积分图像对其进行加速。然后提出一种快速向后看算法(Fast-Backward-Looking Algorithm,FBLA),该算法在保证不损失解路径最优性的基础上加快了动态规划部分的计算速度,其与 Birchfield 等人所提出的快速向前看算法区别在于:其是以向后看算法为基础的,而快速向前看算法是以向前看算法为基础的;其在理论上没有导致解路径的最优性损失,而快速向前看算法损失了解路径的最优性;其在求解最优路径时的计算速度要优于快速向前看算法。最后提出一种基于方向滤波的视差后处理方法去除视差图中的"条纹"现象,提高视差的匹配正确率。

5.2　建立视差空间

如图 5.1 所示,视差空间图(Disparity-Space Image,DSI)是一个三维数据结构,该结构中每一点 (x,y,d) 代表当像素点 (x,y) 被赋予视差 d 时所对应的匹配代价,每个 (x,d)

维的数据片代表一个扫描行所对应的搜索空间。基于动态规划的立体匹配方法利用这个数据结构表达像素点的匹配状态（即遮挡和匹配），然后在每个扫描行所对应的搜索空间上通过动态规划算法获得一个最优成本路径，路径上的每一点代表着一对匹配点，而其他像素点为遮挡像素点。

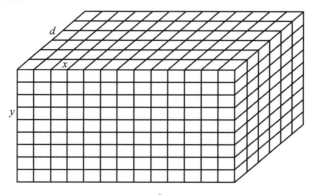

图 5.1　视差空间图

5.2.1　匹配代价

匹配代价是立体匹配方法确定对应点的基础，它测量两个不同像素点的相似性或不相似性。计算匹配代价的最直接方法就是采用像素点灰度差的绝对值，但该方法对噪声和辐射差异的鲁棒性很差，易造成能量函数中的数据项不能准确反映真实的匹配约束。因此，不能简单地通过计算对应点的灰度差值测量它们之间的匹配代价。为了提高匹配代价对噪声、辐射差异及采样效应的鲁棒性，降低立体匹配的误匹配率，本章采用了基于采样不敏感的相似性度量计算匹配代价。该匹配度量没有直接使用两个像素间的灰度差计算匹配代价，而是使用两个像素间线性插值灰度函数计算匹配代价。

$\bar{d}(x_i, y_i, I_\mathrm{L}, I_\mathrm{R})$ 的定义如图 5.2 所示。

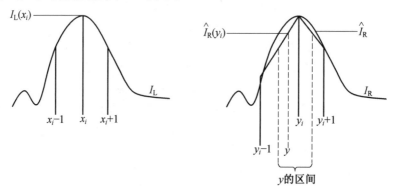

图 5.2　$\bar{d}(x_i, y_i, I_\mathrm{L}, I_\mathrm{R})$ 的定义

图 5.2 中显示了灰度分布函数 I_L 和 I_R，它们分别投射在左右像平面内两个相应的扫描行上。这两个灰度分布函数在离散点上经过图像传感器采样形成数字图像，图中仅显示了这两个扫描行上的 3 个相邻像素点。选择像素点 x_i 和 y_i 为待测像素点，测量它们之

间的匹配代价。定义 $\hat{I}_R$ 为右扫描行上采样点的线性插值函数,然后测量 x_i 点的灰度值与 y_i 点线性插值区域的不相似程度。像素点 $I_L(x_i)$ 与线性插值函数 $\hat{I}_R(y)$ 的不相似程度定义为它们之间的最小差 $\overline{d}(x_i, y_i, I_L, I_R)$,其表达式为

$$\overline{d}(x_i, y_i, I_L, I_R) = \min_{y_i - \frac{1}{2} \leqslant y \leqslant y_i + \frac{1}{2}} |I_L(x_i) - \hat{I}_R(y)| \tag{5.1}$$

然后,根据类似的方式定义另一方向上的最小差 $\overline{d}(y_i, x_i, I_L, I_R)$ 为

$$\overline{d}(y_i, x_i, I_L, I_R) = \min_{x_i - \frac{1}{2} \leqslant x \leqslant x_i + \frac{1}{2}} |\hat{I}_L(x) - I_R(y_i)| \tag{5.2}$$

式中,$\hat{I}_L(x)$ 为左扫描行上采样点的线性插值函数。

最后,像素点 x_i 和 y_i 之间的匹配代价定义为

$$c(x_i, y_i, x_i - y_i) = d(x_i, y_i) = \min(\overline{d}(x_i, y_i, I_L, I_R), \overline{d}(y_i, x_i, I_L, I_R)) \tag{5.3}$$

由于分段线性函数的极值点一定是它的间断点,因此根据上述匹配度量计算像素点间的匹配代价是相当简单的,不需要很大的计算量。具体实现方式是,首先,分别计算线性插值函数 $\hat{I}_R$ 在 $y_i - \frac{1}{2}$ 点和 $y_i + \frac{1}{2}$ 点的灰度值 I_R^-、I_R^+,其计算公式为

$$I_R^- = \hat{I}_R\left(y_i - \frac{1}{2}\right) = \frac{1}{2}[I_R(y_i) + I_R(y_i - 1)] \tag{5.4}$$

$$I_R^+ = \hat{I}_R\left(y_i + \frac{1}{2}\right) = \frac{1}{2}[I_R(y_i) + I_R(y_i + 1)] \tag{5.5}$$

然后,根据式(5.4)和式(5.5),最小差 $\overline{d}(x_i, y_i, I_L, I_R)$ 可以定义为

$$\overline{d}(x_i, y_i, I_L, I_R) = \max\{0, I_L(x_i) - I_{\max}^R, I_{\min}^R - I_L(x_i)\} \tag{5.6}$$

式中,$I_{\min}^R = \min\{I_R^-, I_R^+, I_R(y_i)\}$,$I_{\max}^R = \max\{I_R^-, I_R^+, I_R(y_i)\}$。

同理,最小差 $\overline{d}(y_i, x_i, I_L, I_R)$ 可以定义为

$$\overline{d}(y_i, x_i, I_L, I_R) = \max\{0, I_R(y_i) - I_{\max}^L, I_{\min}^L - I_R(y_i)\} \tag{5.7}$$

式中,

$$I_{\min}^L = \min\{I_L^-, I_L^+, I_L(x_i)\}$$

$$I_{\max}^L = \max\{I_L^-, I_L^+, I_L(x_i)\}$$

$$I_L^- = \hat{I}_L\left(x_i - \frac{1}{2}\right) = \frac{1}{2}[I_x(x_i) + I_x(x_i - 1)]$$

$$I_L^+ = \hat{I}_L\left(x_i + \frac{1}{2}\right) = \frac{1}{2}[I_x(x_i) + I_x(x_i + 1)]$$

经过上述加速处理,该匹配代价与灰度差相比在计算复杂性方面仅有少量的增加,因此在立体匹配当中使用该匹配代价不会导致立体匹配方法在计算复杂度方面出现显著的增加。

5.2.2　快速累积方法

为了增强匹配可靠性,经常需要在匹配过程中对匹配代价进行累积,其累积的一般形

式为

$$C(x,y,d) = \kappa_b^{-1} \sum_{k \in S} f(k) g(I_L(p) - I_L(p+k)) c(p+k,d) \tag{5.8}$$

式中,$C(x,y,d)$ 表示累积之后的匹配代价;$c(p+k,d)$ 表示原始匹配代价;矢量 p 表示参考图像上的 (x,y) 点;S 表示支撑窗口;κ_b 为规范常量,$\kappa_b = \sum_{k \in S} f(k) g(I_L(p) - I_L(p+k))$;函数 f 和 g 分别表示空域和值域上的非递减函数。

Yoon 等人所提方法就是基于这种累积形式的一种匹配方法,该方法的缺点在于计算复杂度较高,严重影响了算法的匹配效率。为此,本章在 Yoon 及 Porikli 等人所提方法的基础上提出一种基于自适应权重的快速成本累积方法。该方法首先假设非递减的值域权重函数为如下形式:

$$g(I_L(p) - I_L(p+k)) = 1 - (I_L(p) - I_L(p+k))^2 \tag{5.9}$$

然后,将式(5.9)代入式(5.8)整理得

$$\begin{aligned} C(x,y,d) = C(p,d) = \kappa_b^{-1} \Big[&(1 - I_L^2(p)) \sum_{k \in S} f(k) c(p+k,d) \\ &+ 2I_L(p) \sum_{k \in S} f(k) c(p+k,d) I_L(p+k) \\ &- \sum_{k \in S} f(k) c(p+k,d) I_L^2(p+k) \Big] \end{aligned} \tag{5.10}$$

最后,为了能使用积分图像加速该权重函数的计算,本章将函数 $f(k)$ 取为恒定的常数函数 ω,为此式(5.10)可简化为

$$\begin{aligned} C(x,y,d) = C(p,d) = \omega \kappa_b^{-1} \Big[&(1 - I_L^2(p)) \sum_{k \in S} c(p+k,d) \\ &+ 2I_L(p) \sum_{k \in S} c(p+k,d) I_L(p+k) \\ &- \sum_{k \in S} c(p+k,d) I_L^2(p+k) \Big] \end{aligned} \tag{5.11}$$

式中,

$$\kappa_b = |S| \omega(1 - I_L^2(p)) - \omega \sum_{k \in S} I_L^2(p+k) + 2\omega I_L(p) \sum_{k \in S} I_L(p+k)$$

针对式(5.11)中的 $c(p,d)$、$c(p,d)I_L(p)$、$c(p,d)I_L^2(p)$、$I_L^2(p)$ 和 $I_L(p)$ 分别建立积分图像,然后使用这些积分图像累积匹配代价。该方法可以有效提高累积过程的计算效率,使累积过程的计算复杂度与窗口大小无关。

5.3 动态规划基本原理

5.3.1 基本原理

基于动态规划的立体匹配方法是一种基于扫描行优化的全局立体匹配方法,该方法将像素点的对应问题阐述成在搜索空间内搜索最优成本路径问题,并且每次仅优化一个扫描行。从这个意义上来讲,基于动态规划的立体匹配方法并不是真正的全局匹配方法,而只是一种基于扫描行优化的半全局匹配方法(即一维优化方法)。基于动态规划的立体

匹配方法将同名扫描行上的像素点对应问题表达成一个匹配序列,该序列由众多的匹配对构成。匹配序列当中的每一匹配对即为一个有序的像素对$(x_{\mathrm{L}}, x_{\mathrm{R}})$,该像素对表示参考图像中的像素点 $I_{\mathrm{L}}(x_{\mathrm{L}})$ 与匹配图像中的像素点 $I_{\mathrm{R}}(x_{\mathrm{R}})$ 是同一场景点。未被匹配的像素点是一些被遮挡的像素点即仅在一个图像当中出现。这些相邻的被遮挡的像素序列在立体匹配当中称为遮挡,遮挡两端分别是匹配像素。图 5.3 举例说明了一个实际的匹配序列 $M = \langle (1,0),(2,1),(6,2),\cdots,(13,11),(14,12),(15,13) \rangle$,图中 L 表示左图像中一个扫描行,R 表示右图像中的同名行,连线表示对应的匹配对,未被连线的像素为遮挡像素。在 L 上未匹配的像素称为左遮挡,例如 0、3、4、5;而在 R 上未被匹配的像素称为右遮挡,例如 7、8、14、15。L 中像素点 x_{L} 的视差 $d(x_{\mathrm{L}})$ 定义为 $x_{\mathrm{L}} - x_{\mathrm{R}}$ 即 $(x_{\mathrm{L}}, x_{\mathrm{R}})$ 是一个匹配对,而遮挡区域的视差定义为其左右相邻对象中最远点的视差。由于视差与深度成反比关系,视差变化小的点属于远距离对象上的点,视差变化大的点则属于近距离对象上的点。根据此原理,如果子序列 $(x, x+1, \cdots, x+k)$ 是左遮挡,则这些遮挡像素的视差定义为 $\min(d(x-1), d(x+k+1))$。

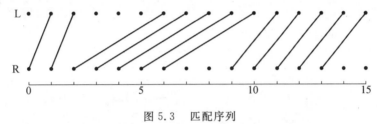

图 5.3　匹配序列

基于动态规划的立体匹配方法是一种基于能量函数最小化的立体匹配方法,该方法把视差计算问题转化为在搜索空间内查找一个具有最小匹配代价的匹配序列,其匹配序列 M 的代价函数为

$$E(M) = N_{\mathrm{occ}} \kappa_{\mathrm{occ}} - N_{\mathrm{m}} \kappa_{\mathrm{r}} + \sum_{i=1}^{N_{\mathrm{m}}} C(x_i, y_0, d) \tag{5.12}$$

式中,κ_{occ} 表示遮挡惩罚;κ_{r} 表示匹配奖励;y_0 表示匹配序列 M 是关于第 y_0 扫描行上的匹配;$C(x_i, y_0, d)$ 表示视差空间图 DSI 中的点,它表示匹配序列中每一匹配对所对应的匹配代价即匹配对 $(x_i, x_i - d)$ 的匹配代价,其中 x_i 表示左扫描行上的像素点,$x_i - d$ 表示右扫描行上的像素点;N_{occ} 和 N_{m} 分别表示遮挡数和匹配数。为了能利用动态规划算法在搜索空间内查找一个具有最小代价的匹配序列,需要引入一些视差约束关系对匹配过程进行限制。

(1)视差范围约束。$0 \leqslant x_{\mathrm{L}}^i - x_{\mathrm{R}}^i \leqslant \Delta$,其中 x_{L}^i 和 x_{R}^i 构成了匹配序列中第 i 个匹配像素对,Δ 表示最大允许视差。该约束可以有效减少搜索空间规模,提高匹配效率。

(2)次序性约束。假设 $(x_{\mathrm{L}}^i, x_{\mathrm{R}}^i)$ 和 $(x_{\mathrm{L}}^j, x_{\mathrm{R}}^j)$ 是匹配序列中两个相邻匹配对,若 $x_{\mathrm{L}}^i \leqslant x_{\mathrm{L}}^j$,则 $x_{\mathrm{R}}^i \leqslant x_{\mathrm{R}}^j$。这表明在匹配序列当中不能出现交叉匹配的情况。

(3)假设 $(x_{\mathrm{L}}^i, x_{\mathrm{R}}^i)$ 和 $(x_{\mathrm{L}}^{i+1}, x_{\mathrm{R}}^{i+1})$ 是匹配序列当中任意一个连续匹配对,则存在 $x_{\mathrm{L}}^{i+1} = x_{\mathrm{L}}^i + 1$ 或者 $x_{\mathrm{R}}^{i+1} = x_{\mathrm{R}}^i + 1$。这表明如果在匹配序列当中存在遮挡,则左右遮挡不能同时出现,即或者左图像连续匹配而右图像存在遮挡,抑或右图像连续匹配而左图像存在遮挡。

根据代价函数结构,可以利用动态规划技术在搜索空间内查找满足上述约束条件的最优匹配序列。图 5.4(a) 举例说明了一个 $n=10$、$\Delta=3$ 的搜索空间,其中 n 表示每一扫描行上的像素数。根据视差范围约束,搜索空间中的许多单元格都被取消,图中黑色单元格就是被取消的单元格。算法从左到右,从上到下依次搜索这个空间查找最优匹配序列,图中使用符号 × 显示可行的匹配序列。根据次序性约束和遮挡约束,任意匹配对 (x_L^i, x_R^i) 的匹配前驱和匹配后继可分别表示为图 5.4(b)、(c) 中所显示的白色单元格。图 5.4(b)、(c) 显示对于每一匹配对都分别有 $\Delta+1$ 个可能候选作为它的直接前驱匹配和直接后继匹配。可以通过水平方向表示参考图像中的扫描行,垂直方向表示视差范围使图 5.4(a) 所示的搜索空间变得更加紧凑,根据这种方式相应的搜索空间、匹配前驱和匹配后继分别转化为图 5.5 所示形式。对于搜索空间中的每一个单元格 $[d, x_L]$,需要记录两种信息,一种是记录以匹配对 (x_L, x_L-d) 为端点的最优匹配序列的成本 $\varphi[d, x_L]$;另一种是记录每一匹配对的前驱匹配 $\pi[d, x_L]$。由于匹配前驱和匹配后继之间存在对偶性,因此可以利用这一性质设计一对对偶算法搜索这个空间。如果算法以图 5.5(b) 所示的形式搜索这个空间则称为向后看算法;如果以图 5.5(c) 所示的形式搜索这个空间则称为向前看算法。这两个算法都是以从左至右,从上到下的顺序遍历数组 φ,并同时计算到每个单元格的最优路径所对应的代价,其计算公式为

$$\varphi[d, x_L] = C(x_L, y_0, d) - \kappa_r$$
$$+ \min \begin{cases} \varphi[d, x_L-1] \\ \varphi[d-1, x_L-1] + \kappa_{occ}, \cdots, \varphi[0, x_L-1] + \kappa_{occ} \\ \varphi[d+1, x_L-2] + \kappa_{occ}, \cdots, \varphi[\Delta, x_L+d-\Delta-1] + \kappa_{occ} \end{cases} \quad (5.13)$$

式(5.13) 中的最小化操作 min 作用于当前匹配对 (d, x_L) 的直接前驱上。最小化操作中的第一项表示当前匹配对 (d, x_L) 和匹配对 (d, x_L-1) 之间不存在遮挡;第二项表示当前匹配对 (d, x_L) 与匹配对 $(d-1, x_L-1)$,$\cdots$,$(0, x_L-1)$ 之间存在左遮挡;第三项表示当前匹配对 (d, x_L) 与匹配对 $(d+1, x_L-2)$,$\cdots$,$(\Delta, x_L+d-\Delta-1)$ 之间存在右遮挡。一旦所有单元格都遍历完成,便开始反向追踪获取最优匹配序列。

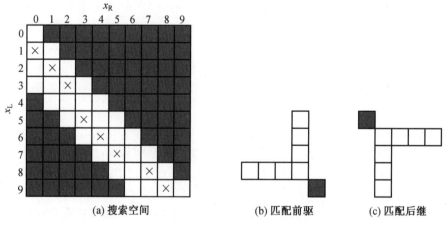

(a) 搜索空间　　　　(b) 匹配前驱　　　　(c) 匹配后继

图 5.4　匹配过程示意图

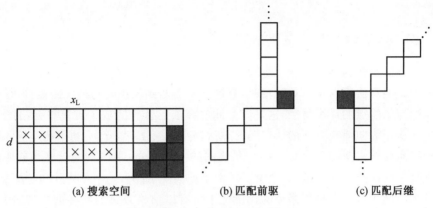

図 5.5　紧凑式搜索空间

5.3.2　基于向后看动态规划算法

向后看算法根据式(5.13)迭代遍历整个搜索空间计算得到每个单元格的最优匹配路径所对应的代价成本。算法在遍历过程中每当遇见一个单元格时,那么到该单元格的直接前驱匹配点的最优路径都已计算完成。向后看算法的伪代码如图 5.6 所示。

$$1 \text{ for } \delta \leftarrow \text{ to } \Delta$$
$$2 \qquad \varphi[\delta,0] \leftarrow C(0,y_0,\delta)$$
$$3 \text{ for } x \leftarrow 1 \text{ to } n-1$$
$$4 \quad \text{ for } \delta \leftarrow 0 \text{ to } \Delta$$
$$5 \qquad \hat{\varphi} \leftarrow \infty$$
$$6 \qquad \text{ for } \delta_p \leftarrow 0 \text{ to } \Delta$$
$$7 \qquad\quad x_p \leftarrow x - \max(1,\delta_p - \delta + 1)$$
$$8 \qquad\quad \varphi' \leftarrow \varphi[\delta_p,x_p] + \kappa_{\mathrm{occ}} * (\delta \neq \delta_p)$$
$$9 \qquad\quad \text{ if } \varphi' < \hat{\varphi} \text{ then}$$
$$10 \qquad\qquad \hat{\varphi} \leftarrow \varphi'$$
$$11 \qquad\qquad \hat{\pi} \leftarrow [\delta_p,x_p]$$
$$12 \qquad \varphi[\delta,x] \leftarrow \hat{\varphi} + C(x,y_0,\delta) - \kappa_{\mathrm{r}}$$
$$13 \qquad \pi[\delta,x] \leftarrow \hat{\pi}$$

图 5.6　向后看算法的伪代码

图 5.6 详细介绍了向后看算法的每一步骤。其中第 1 ~ 2 行使用了视差空间图中的累积匹配代价对搜索空间进行初始化。第 3 ~ 11 行是算法的主体部分。第 7 行计算当前匹配点的直接前驱匹配点。第 8 行根据匹配状态(是否存在遮挡)更新代价 φ',如果当前匹配点和其前驱匹配点之间存在遮挡,则将遮挡代价加入代价计算当中。第 6 ~ 11 行是在所有前驱匹配点中选择一点,经过该点到达当前匹配点的路径是最优路径,并将最优路径代价保存在 $\hat{\varphi}$ 中,同时也将当前匹配点所对应的最好前驱匹配点保存在 $\hat{\pi}$ 中。第 12 ~ 13 行是将到当前匹配点的最优路径代价保存在 φ 中,并在 $\pi[\delta,x]$ 中记录它的最好前驱匹

配点位置。

5.3.3　基于向前看动态规划算法

向前看算法迭代遍历整个搜索空间计算每个单元格是否在以其后继匹配点为端点的最优路径上。当算法每遇到一单元格时,算法并不更新到该单元的最优路径,而是更新以其后继匹配点为端点的最优路径,这是因为此时算法已计算完成了到该单元格的最优路径。图5.7所示为向前看算法的伪代码。算法当中的第1～5行是利用视差空间图中的匹配代价初始化搜索空间。第6～13行是算法的主体部分。第9行是计算当前匹配点所对应的直接后继匹配点。变量φ'记录了经由当前匹配点$[\delta_p, x_p]$到其后继匹配点$[\delta, x]$的路径所对应的代价。如果该路径的代价优于所有以前检查过的路径的代价,则以单元格$[\delta, x]$为端点的路径相应地被更新。

```
1 for δ ← 0 to Δ
2     φ[δ,0] ← C(0,y₀,δ)
3 for x ← 1 to n − 1
4     for δ ← 0 to Δ
5         φ[δ,x] ← ∞
6 for xₚ ← 0 to n − 2
7     for δₚ ← 0 to Δ
8         for δ ← 0 to Δ
9             x ← xₚ + max(1, δₚ − δ + 1)
10            φ' ← φ[δₚ,xₚ] + C(x,y₀,δ) − κᵣ
                    + κₒcc * (δ ≠ δₚ)
11            if φ' < φ[δ,x] then
12                φ[δ,x] ← φ'
13                π[δ,x] ← [δₚ,xₚ]
```

图 5.7　向前看算法的伪代码

5.3.4　基于快速向前看动态规划算法

为了获得最优匹配序列,向前看算法和向后看算法需要计算到所有单元格的最优路径,即使单元格是坏的单元格也需计算到这些单元格的最优路径,这导致算法执行了大量的不必要计算。向前看算法提供了一个修剪坏单元格的框架,在该框架内可以通过修剪坏的单元格提高动态规划算法的匹配速度。

快速向前看算法分析如图5.8所示。其中图5.8(a)中存在一个匹配点p,且c为其直接后继匹配点,它们之间存在着左遮挡。现存在一个匹配点q,其与匹配点p处于同一行且位于其左侧。现假设到q点的最优路径代价低于到p点的最优路径代价,即$\gamma(q) < \gamma(p)$,其中$\gamma(\cdot)$表示到某一点的最优路径代价。由于匹配点c也是匹配点q的直接后继匹配点而且由于遮挡惩罚是恒定的,因此经过匹配点q到匹配点c的最优路径优于经过匹配点p到匹配点c的最优路径。因此对于向前看算法而言则不需要把匹配点p扩展到匹配点c。鉴于这些观察,Birchfield等人提出了一种快速向前看算法,该算法的主要思想

是,对于任意匹配点,如果在该匹配点所在行中存在其他匹配点,且匹配代价低于该匹配点的匹配代价,则算法拒绝向右扩展该匹配点;同理,对于任意匹配点,如果在该匹配点所在列中存在其他匹配点,且匹配代价低于该匹配点的匹配代价,则算法拒绝向下扩展该匹配点。快速向前看算法的伪代码如图 5.9 所示,变量 $m_y[y]$ 记录每一行的最小路径代价,m_x 记录当前列的最小路径代价。子程序 update 负责更新到匹配点 $[\delta,x]$ 的最优路径,如果经由匹配点 $[\delta_p,x_p]$ 到匹配点 $[\delta,x]$ 的最优路径优于以前遇见的任何路径,则调用该子程序更新到匹配点 $[\delta,x]$ 的最优路径。图 5.9 中,第 $1 \sim 7$ 行是算法的初始化部分,第 $11 \sim 19$ 行是算法的核心部。该算法首先利用第 11 行代码把每一单元格扩展到与其具有相同视差的后继匹配点上,然后判断该单元格是否是该列中最好的,如果是该列中最好的,则算法在第 $12 \sim 15$ 行对该单元格进行列扩展;同理如果该单元格是其所在行中最好的,则算法在第 $16 \sim 19$ 行对该单元格进行行扩展。

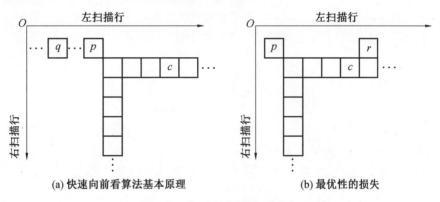

(a) 快速向前看算法基本原理　　　　　　(b) 最优性的损失

图 5.8　　快速向前看算法分析

虽然快速向前看算法减少了大量的冗余计算,提高了算法的匹配速度,但是该算法最终导致解路径损失了最优性,造成了视差精度的损失。图 5.8(b) 举例说明了解路径是如何损失其最优性的,图中存在一匹配点 p 及其后继匹配点 c,它们之间存在着左遮挡。现假设存在一点 r,它与匹配点 p 位于同一扫描行并且假设到 r 点的最优路径代价小于到 p 点的最优路径代价,即 $\gamma_0(r) < \gamma_0(p)$。那么当快速算法遇见匹配点 p 时,则拒绝向右扩展匹配点 p。然而,如果到 p 点左边的匹配点的最优路径成本都大于到 p 点的最优路径成本时,则到 c 点的最优路径很可能会经过 p 点,因此导致解路径损失了最优性,从而导致了视差精度的损失。

```
1 for δ ← 0 to Δ
2     φ[δ,0] ← C(0,y₀,δ)
3 for x ← 1 to n−1
4     for δ ← 0 to Δ
5         φ[δ,x] ← ∞
6 for y ← 0 to n−1
7     m_y[y] ← ∞
8 for x_p ← 0 to n−2
9     m_x ← {φ[0,x_p],φ[1,x_p],···,φ[Δ,x_p]}
10     for δ_p ← 0 to Δ
11         update(δ_p,x_p,δ_p,x_p+1)
12         if φ[δ_p,x_p] ≤ m_x then
13             x ← x_p+1
14             for δ ← δ_p+1 to Δ
15                 update(δ_p,x_p,δ,x)
16         if φ[δ_p,x_p] ≤ m_y[δ−x_p] then
17             for δ ← 0 to δ_p−1
18                 x ← x_p+δ_p−δ+1
19                 update(δ_p,x_p,δ,x)
update(δ_p,x_p,δ,x)
20 φ′ ← φ[δ_p,x_p]+C(x,y₀,δ)−κ_r+κ_occ∗(δ≠δ_p)
21     if φ′ < φ[δ,x] then
22         φ[δ,x] ← φ′
23         π[δ,x] ← [δ_p,x_p]
24         m_y[x−δ] ← min{m_y[x−δ],φ′}
```

图 5.9   快速向前看算法的伪代码

5.3.5   基于快速向后看动态规划算法

Birchfield 等人提出的向前看算法和向后看算法实现最小化操作的时间复杂度为 $O(\Delta)$，同时 Birchfield 等人也提出一种快速向前看算法，该算法通过修剪策略减少了不必要节点的扩展，将最小化操作的时间复杂度降低为 $O(\log \Delta)$，但该算法最终导致解路径损失了最优性，造成了视差精度的损失。为了提高动态规划立体匹配方法的匹配效率同时保证不损害解路径的最优性，本章提出了一种快速向后看算法。该算法以向后看算法为基础，通过二维有序表结构加快了动态规划部分的计算速度而且该算法在理论上没有损失解路径的最优性。本章所提快速向后看算法与 Birchfield 等人所提的快速向前看算法区别在于：① 本章所提快速向后看算法是以向后看算法为基础开发的，而 Birchfield 等人所提的快速向前看算法是以向前看算法为基础开发的；② 本章所提快速向后看算法没有损失解路径的最优性，而快速向前看算法损失了解路径的最优性从而造成了视差精度的损失；③ 本章所提快速向后看算法的时间复杂度低于快速向前看算法的时间复杂度。

1. 基本原理

快速实现动态规划立体匹配方法的关键是快速计算递归公式(5.13)中的最小化操作。为了加快最小化操作的计算速度,本章首先分析式(5.13)中最小化操作的结构。由于式(5.13)中的遮挡惩罚 κ_{occ} 是一个恒定的常数项,因此式(5.13)中的最小化操作可以简化为

$$\min\begin{cases}\min(\varphi[d-1,x-1],\cdots,\varphi[0,x-1])+\kappa_{occ}\\\min(\varphi[d+1,x-2],\cdots,\varphi[\Delta,x+d-\Delta-1])+\kappa_{occ}\\\varphi[d,x-1]\end{cases} \qquad (5.14)$$

如果已知

$$a[d-1,x-1]=\min(\varphi^{y_0}[d-1,x-1],\cdots,\varphi^{y_0}[0,x-1]) \qquad (5.15)$$

$$b[d+1,x-2]=\min(\varphi^{y_0}[d+1,x-2],\cdots,\varphi^{y_0}[\Delta,x+d-\Delta-1]) \qquad (5.16)$$

则式(5.14)可以简化为

$$\min(a[d-1,x-1]+\kappa_{occ},b[d+1,x-2]+\kappa_{occ},\varphi[d,x-1]) \qquad (5.17)$$

通过式(5.17)计算动态规划中的最小化操作只需 2 次比较,与视差范围 Δ 无关。

由于二维数组 a、b 存在如下递归关系:

$$a[d-1,x-1]=\min(a[d-2,x-1],\varphi[d-1,x-1]) \qquad (5.18)$$

$$b[d+1,x-2]=\min(b[d+2,x-3],\varphi[d+1,x-2]) \qquad (5.19)$$

因此,本章设计两个二维有序表 a 和 b,它们当中的每一点都分别代表垂直方向和对角方向上的最小值,而且维护每个二维有序表仅需一次比较,快速实现最小化操作的二维有序表的结构如图 5.10 所示。图 5.10(a) 所示为匹配成本 φ,其中每个元素都对应着视差空间图中相应的元素;图 5.10(b) 所示为有序表 a 的结构,其中每个元素都是一个三元组 (v,d,x),v 代表 $\varphi[0,x]$ 到 $\varphi[d,x]$ 之间的最小值,d 和 x 代表其相应的坐标;图 5.10(c) 所示为有序表 b 的结构,其中每个元素也都是一个三元组 (v,d,x),v 代表 $\varphi[d+x,0]$ 到 $\varphi[d,x]$ 之间的最小值,d 和 x 代表相应的坐标。本章以计算 $\varphi[4,4]$ 为例说明这一快速计算过程。如图 5.10(a) 所示,$\varphi[4,4]$ 为图中的黑色单元格。如果根据式(5.13)计算到该单元格的最优路径代价,则有

$$\varphi[4,4]=C(4,y_0,4)-\kappa_r$$
$$+\min\begin{cases}\varphi[4,3]\\\varphi[3,3]+\kappa_{occ},\varphi[2,3]+\kappa_{occ},\cdots,\varphi[0,3]+\kappa_{occ}\\\varphi[5,2]+\kappa_{occ},\varphi[6,1]+\kappa_{occ},\cdots,\varphi[7,0]+\kappa_{occ}\end{cases} \qquad (5.20)$$

根据式(5.20)可以看出,计算到每个单元格的最优路径代价需要 Δ 次比较,与视差范围成正比。如果根据有序表 a 和 b 计算到该单元格的最优路径代价,则有

$$\varphi[4,4]=C(4,y_0,4)-\kappa_r+\min\begin{cases}\varphi[4,4]\\a[3,3]+\kappa_{occ}\\b[5,2]+\kappa_{occ}\end{cases} \qquad (5.21)$$

根据式(5.21)可以看出,利用有序表计算到该单元格的最优路径代价仅需要 2 次比较,而且维护有序表 a、b 也仅需要 2 次比较,总计 4 次比较即可,与视差搜索范围无关,通

过该快速计算方法可以节省大量的计算时间而且没有损失解路径的最优性。本章提出的加速方法仅适用于向后看算法,因为当计算到当前节点的最优路径代价时,到它的所有前驱节点的最优路径代价都已计算完成,而且可以在计算最优路径代价的同时维护这两个有序表。快速向后看算法的伪代码如图 5.11 所示。其中第 1 ～ 4 行对匹配成本 φ 及有序表 a、b 进行初始化。第 5 ～ 11 行是算法的主体部分。算法在第 7 行利用本章提出的方法快速计算最小化操作。在第 9 ～ 10 行分别对有序表 a、b 进行维护。

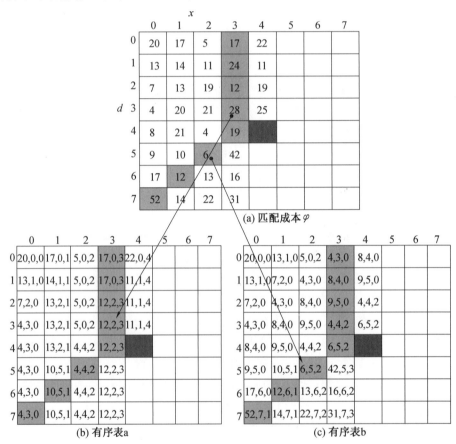

图 5.10　快速实现最小化操作

```
1 for δ ← 0 to Δ
2    φ[δ,0] ← C(0,y₀,δ)
3    b[δ,0] ← (C(0,y₀,δ),0,δ)
4    a[δ,0] ← min(a[δ-1,0],C(0,y₀,δ))
     对应坐标
5 for x ← 1 to n-1
6    for δ ← 0 to Δ
```

$$
7 \quad \hat{\varphi} \leftarrow \min \begin{bmatrix} a[\delta-1,x-1]+\kappa_{\text{occ}}, \\ b[\delta+1,x-2]+\kappa_{\text{occ}}, \\ \varphi[\delta,x-1] \end{bmatrix} \text{ and }
$$

$$
\hat{\pi} \leftarrow 对应坐标
$$

```
8    φ[δ,x] ← φ̂ + C(x,y₀,δ) - κᵣ
9    b[δ,x] ← min(b[δ+1,x-1],δ[δ,x])
     对应坐标
10   a[δ,x] ← min(a[δ-1,x],δ[δ,x])
     对应坐标
11   π[δ,x] ← π̂
```

图 5.11　快速向后看算法的伪代码

2. 视差后处理

由于动态规划立体匹配方法在优化过程中缺少行间一致性限制,因此在视差图中产生了"条纹"现象。为了减少视差图中的"条纹"现象,本章提出一种基于方向滤波的视差后处理方法,该方法的优点是实现简单、速度快,可以有效减少"条纹"现象。在该视差后处理方法中,首先使用一种线状滤波器族,该滤波器族中的每个滤波器之间间隔相等的角度,且每个滤波器与水平方向分别成 θ_i 角度,然后分别利用这些滤波器对视差图中的每个像素进行处理。图 5.12 所示线状滤波器即为一个滤波器族,图中的每个滤波器之间相隔 15° 角。一般来讲,每个线状滤波器含有 $2l+1$ 个像素,且与水平方向成 θ_i 角度,其数学表达式为

$$
f_{\theta_i}(x,y) = \begin{cases} 1, & |x\sin\theta_i - y\cos\theta_i| = 0 \\ 0, & 否则 \end{cases} \tag{5.22}
$$

式中,$|x| \leqslant l\cos\theta_i$,$|y| \leqslant l\sin\theta_i$,$l$ 表示线性滤波器的半径;θ_i 表示每个滤波器与水平方向的夹角。

基于方向滤波的视差后处理方法的具体过程如下。

(1)创建滤波器族,其计算表达式如式 5.22 所示。

(2)在滤波器族中选择一个滤波器 $f_{\theta_i}(x,y)$。

(3)在视差图中选择一个像素点 (x,y),然后将滤波器 $f_{\theta_i}(x,y)$ 应用到该像素点 (x,y) 上,接下来对该滤波器内的像素进行统计生成视差直方图,用 mode 表示视差直方图内视差出现频率最高的视差,其频率为 maxx;(x,y) 点的视差 d 及其左右相邻视差 $d-1$、$d+1$ 的出现频率分别为 hist$[d]$、hist$[d-1]$、hist$[d+1]$,它们的频率和为

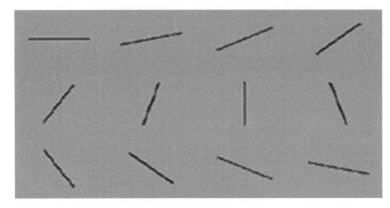

图 5.12　线状滤波器

$$\mathrm{inertia} = \mathrm{hist}[d] + \mathrm{hist}[d-1] + \mathrm{hist}[d+1]$$

（4）如果 maxx > inertia，则当前点 (x,y) 的视差 $\varepsilon(x,y)$ 计算为

$$\varepsilon(x,y) = \mathrm{mode}$$

如果 $\mathrm{hist}[d-1] > \mathrm{maxx}$，则当前点 (x,y) 的视差 $\varepsilon(x,y)$ 计算为

$$\varepsilon(x,y) = d-1$$

如果 $\mathrm{hist}[d+1] > \mathrm{maxx}$，则当前点 (x,y) 的视差 $\varepsilon(x,y)$ 计算为

$$\varepsilon(x,y) = d+1$$

经过上述滤波处理之后，已基本去除视差图中的"条纹"现象，而且可以有效提高视差的准确率。在实际应用当中，一般选择较少的滤波器即可获得较好的效果，本节选择了四个滤波器即 $\theta_i \in [0°, 45°, 90°, 135°]$。

5.4　实验验证与理论分析

5.4.1　实验环境

为了验证所提立体匹配方法的性能，使用了 C++ 语言实现了该立体匹配方法，并在双核 2.2 GHz CPU，2 G 内存，Windows XP 操作系统的环境下对 Middlebury 网站上提供的立体数据集 Tsukuba、Venus、Sawtooth 和 Map 进行了测试。实验参数设置是，成本截断阈值为 $T_s = 20$，遮挡成本为 $\kappa_{\mathrm{occ}} = 15$，匹配奖励为 $\kappa_r = 30$，视差后处理中滤波器长度为 $l = 2$。

5.4.2　时间复杂度分析

为了增强匹配成本的抗噪能力，提高立体匹配方法的匹配准确率，本章在匹配之前首先对原始匹配成本进行了累积，所采用的累积策略只包含值域支撑，忽略了空间支撑；然后选择二次函数作为窗口函数，并利用积分图像加速计算了该过程，使其计算复杂度独立于窗口大小。本章提出的快速自适应成本累积过程的计算时间与没有使用积分图像的累积过程的计算时间对比如图 5.13 所示。图 5.13 显示了当没有使用积分图像累积时，累积时间随着窗口大小的增加而迅速增加；当使用积分图像累积时，该过程的计算时间与窗口大小无关，其计算时间表现为平行于 x 轴的一条直线。

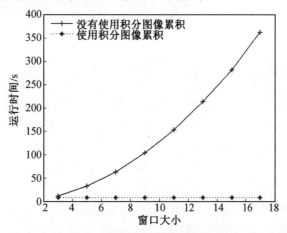

图 5.13　两种累积过程的计算时间对比

　　Birchfield 等人提出的向后看算法和向前看算法的时间复杂度为 $O(n\Delta^2)$，其中 n 为图像宽度，Δ 为最大视差搜索范围。Birchfield 等人所提方法中的快速向前看算法的时间复杂度为 $O(n\Delta\log\Delta)$。本章提出的快速向后看算法的时间复杂为 $O(n\Delta)$。不同算法计算时间对比如图 5.14 所示，通过对比可以看出，本章提出的快速向后看算法具有更快的匹配速度而且没有导致解路径损失最优性，没有造成视差精度损失，不同算法运行时间对比见表 5.1。表 5.1 以 Tsukuba 为例测试了这四种算法的运行时间，该立体像对的分辨率为 384×288，最大视差为 29。第 1 列为向后看算法，简写为 BLA；第 2 列为向前看算法，简写为 FLA；第 3 列为快速向后看算法，简写为 FBLA；第 4 列为快速向前看算法，简写为 FFLA。通过该实验结果可以看出，在没有损失最优性的前提下，本章提出的快速向后看算法的运行时间有了很大的提高，在视差搜索范围较大时效果更为明显。

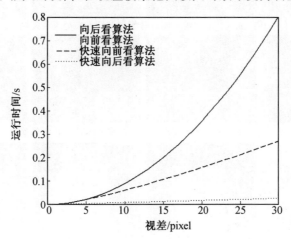

图 5.14　不同算法计算时间对比

表 5.1   不同算法运行时间的对比   s

算法	BLA	FLA	FBLA	FFLA
Tsukuba	4.9	4.9	0.9	1.6

5.4.3   匹配精度分析

本节对所提立体匹配方法的匹配正确率进行了验证,并与其他同类立体匹配方法,如传统的动态规划立体匹配方法(DP)及扫描行方法(SO)、基于地面控制点的动态规划立体匹配方法(GCP＋DP)、基于两过程的动态规划立体匹配方法(two-pass)、基于树型的动态规划立体匹配方法(TreeDP)和基于点对点的动态规划立体匹配方法(pixel-to-pixel)进行对比。图 5.15 给出了所提方法的实验结果,图中自上而下分别显示了立体像对 Tsukuba、Venus、Sawtooth 及 Map 的实验结果,从左至右分别显示了立体像对、真实视差图、计算视差图及后处理视差图。从图 5.15 的实验结果可以看出,经过视差后处理之后视差图中的"条纹"现象明显减少,所提方法的最终视差图非常接近于真实视差图,具有较好的匹配效果。而且所提后处理方法的时间复杂度非常低,处理本实验所使

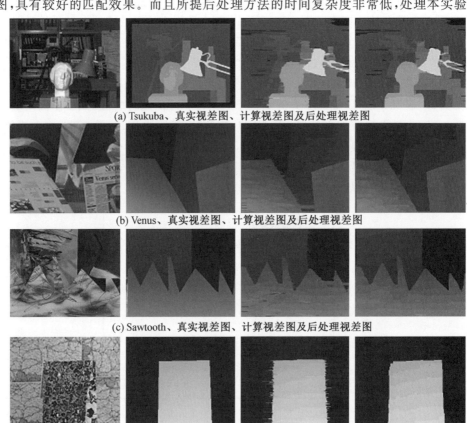

(a) Tsukuba、真实视差图、计算视差图及后处理视差图

(b) Venus、真实视差图、计算视差图及后处理视差图

(c) Sawtooth、真实视差图、计算视差图及后处理视差图

(d) Map、真实视差图、计算视差图及后处理视差图

图 5.15   实验结果

用的立体像对的时间一般在 0.2 s 左右。为了定量分析所提方法的匹配正确率,本章计算了立体像对中非遮挡区域(all)、非纹理区域(untex)和视差不连续区域(disc)的误匹配率,并与其他同类方法进行了对比,对比结果见表 5.2。由表 5.2 可见,所提方法的匹配正确率优于其他动态规划立体匹配方法,而且该匹配方法具有较快的匹配速度。 实验结果表明,本章提出的立体匹配方法不仅可以获得准确性较高的视差图,而且还具有较快的匹配速度,可以应用于实时匹配系统当中。

表 5.2 所提方法与其他方法的实验结果对比　　　　　　　　　　　　　　　%

方法	Tsukuba			Venus			Sawtooth			Map	
	all	untex	disc	all	untex	disc	all	untex	disc	all	disc
所提方法	2.07	0.58	7.53	1.18	0.59	8.82	1.54	0.07	7.63	0.41	4.32
pixel-to-pixel	5.12	7.06	14.62	6.30	11.37	14.57	2.31	1.79	14.93	0.50	6.83
GCP + DP	3.13	3.70	10.5	8.32	13.40	16.30	3.47	3.02	10.34	2.32	10.14
two-pass	4.70	3.38	12.00	7.24	8.63	13.42	3.78	3.55	10.52	2.02	10.16
TreeDp	2.17	0.66	11.54	1.39	1.39	7.59	1.59	0.93	8.82	1.32	11.44
DP	4.12	4.63	12.34	10.10	15.01	17.12	4.84	3.71	13.26	3.33	14.04
SO	5.08	6.18	11.94	9.44	14.59	18.20	4.06	2.64	11.90	1.84	10.22

5.5　本章小结

本章首先介绍了基于点对点的动态规划立体匹配方法的基本原理;然后详细描述了基于该原理提出的三种立体匹配算法,即向前看算法、向后看算法及其快速向前看算法;最后针对快速向前看算法存在的缺陷提出了一种快速向后看算法。在该立体匹配方法中首先提出一种快速自适应权重累积策略累积原始匹配代价,使计算量与窗口大小无关;然后利用二维有序表结构在保证不损失解路径最优性的情况下,有效提高了动态规划部分的计算速度;最后提出一种基于方向滤波的视差后处理方法,有效减少了视差图中的“条纹”现象。实验结果表明,该立体匹配方法具有匹配正确率高、匹配速度快等特点,其性能优于目前出现的基于动态规划的立体匹配方法,具有较好的实时性能,可成为实时匹配的一种候选。本章提出的快速向后看算法的意义在于:① 自从向前看算法、向后看算法及快速向前看算法提出以来,一直缺少快速向后看算法,为此本章提出了一种快速向后看算法完善了基于点对点的动态规划立体匹配方法;② 本章提出的快速向后看算法无论在速度上还是在匹配正确率上都优于其他三种算法。

第6章 基于迭代二倍重采样的亚像素级匹配方法

6.1 概 述

前文已经详细分析了小基高比立体匹配方法的可行性及基本原理,并得出在小基高比立体匹配模型当中,深度、视差和基高比满足 $dz = d\epsilon / (B/H)$ 这一关系,其中,z 表示深度,ϵ 表示视差,B/H 表示基高比。由于深度精度与基高比成反比关系,因此在视差精度给定的情况下,基高比越小,深度误差越大。然而在小基高比立体匹配当中一旦给定了立体像对,基高比大小就已经确定,因此减少深度误差的唯一可行方法就是使视差精度精确到亚像素级别。如果要保证在小基高比立体匹配当中根据视差计算的深度精度与在大基高比立体匹配当中根据视差计算的深度精度相同,则要求小基高比立体匹配的视差精度达到亚像素级别。当大基高比比值是小基高比比值的 m 倍时,则需要小基高比立体匹配方法的视差精度精确到 $1/m$ 个像元。为了补偿小基高比对深度精度的影响,本章提出一种基于迭代二倍重采样的亚像素级匹配方法,该方法仅对匹配窗口进行二倍采样,计算参考窗口与该分辨率上的多个匹配窗口间的匹配代价,从中确定一个亚像素级匹配位置,然后再对以当前亚像素级匹配位置为中心的匹配窗口继续二倍采样,计算参考窗口与在更高的分辨率上的多个匹配窗口间的匹配代价,从中确定更加精确的亚像素级匹配位置,最后反复迭代直到算法收敛或者达到给定最大迭代次数为止。

6.2 相 关 方 法

空间场景是一个二维连续函数,经过成像采样后形成离散的数字图像,数字图像中的每一点代表场景中一小块面积的平均亮度。当空间场景在不同视角进行成像时,对应点所代表的场景元素并不完全一致,实际上代表完全一致的场景元素的像素点位于数字图像中两个像素点之间的某一点,该点就是亚像素级像素点,能获得该像素点的匹配方法称为亚像素级匹配方法。目前,实现亚像素级匹配的方法主要有图像重采样法、拟合法、相位法及变分法。图像重采样法具有实现简单、精度高等优点,但其计算复杂度较高。拟合法具有实现简单,复杂度低等优点,但其亚像素精度有限。相位法是根据频域的相位信息获得像点的位移信息,其优点是对图像的高频噪声具有较好的鲁棒性,但缺点是算法的定位精度受到频率混叠效应的影响。变分法的定位精度较高但对噪声的鲁棒性较差,而且容易陷入局部最优。下面将分别对这几类亚像素级匹配方法进行简要介绍。

6.2.1　图像重采样法

图像重采样法是最早被提出来的亚像素级匹配方法,也是最直观最简单的一种亚像素级匹配方法,其主要思想是利用插值技术对匹配图像进行插值获得匹配图像的高分辨率版本,高分辨率图像当中的每一像素位置代表着原图像的亚像素位置,然后利用立体匹配技术为参考图像当中的每一待匹配点在高分辨率的匹配图像当中查找对应点,该对应点即为亚像素级对应点,其视差为亚像素级视差。现假设给定一幅立体像对,其分辨率大小为 $M \times N$,如果想要其视差精度精确到0.1个像素精度,则需要对参考图像进行10倍插值获得一个 $(M \times 10) \times (N \times 10)$ 的高分辨率版本,然后在该图像上进行搜索获得亚像素级视差。该方法虽然可以获得高精度的亚像素级视差,但是计算量大,实时性较差,且性能依赖于插值精度。插值算法的精度和计算复杂度是一对矛盾量,精度高的插值算法往往具有很高计算复杂度,因此在实际应用当中应根据具体情况进行权衡取舍。

6.2.2　拟合法

拟合法是利用整数级视差的最优匹配代价及其左右相邻代价,采用拟合技术获得成本函数的连续形式,然后求其函数的极值位置,此极值点的位置即为亚像素级视差位置,该方法具有实现简单、复杂度低等优点,但其亚像素精度较低。在拟合过程中经常使用的拟合方法有二次曲线拟合法、高斯拟合法及质心法。该类亚像素级匹配方法的主要思想是,首先假设 $R(0)$ 为整数级视差所对应的匹配代价,$R(-1)$、$R(1)$ 为其左右相邻点所对应的匹配代价。

二次曲线拟合法就是利用 $R(-1)$、$R(0)$、$R(1)$ 这三个点拟合二次曲线 $y = ax^2 + bx + c$ 获得亚像素级偏移 $\hat{d}$,其数学表达式为

$$\hat{d} = \frac{R(-1) - R(1)}{2R(-1) - 4R(0) + 2R(1)} \tag{6.1}$$

高斯拟合法则假设匹配代价符合高斯分布,然后利用这三个点拟合高斯曲线获得亚像素级偏移 $\hat{d}$,其数学表达式为

$$\hat{d} = \frac{\ln R(-1) - \ln R(1)}{2\ln R(-1) - 4\ln R(0) + 2\ln R(1)} \tag{6.2}$$

质心法也是假设匹配代价符合高斯分布,然后通过简单的权重方法计算峰值位置,该峰值的亚像素级位置 $\hat{d}$ 可以表示为

$$\hat{d} = \frac{R(1) - R(-1)}{R(-1) + R(0) + R(1)} \tag{6.3}$$

6.2.3　相位法

相位法是根据频域信息计算像素点的位移信息,该类方法可以直接获得亚像素级视差,这类方法主要包括相位差法和相位相关法。

(1)相位差法就是利用频域的相位差计算待匹配点的视差。首先假设图像中所有像素点的视差为 Δx,然后根据傅里叶平移法则,将空域上的位移转换为频域上的相位移

动,即

$$f(x - \Delta x) \xrightarrow{\text{FFT}} F\{f\}(\omega)\mathrm{e}^{-\mathrm{j}\omega\Delta x} \tag{6.4}$$

式中,f 表示任意函数;$F\{f\}$ 表示函数 f 的傅里叶变换。

现使用 $I_L(x)$ 和 $I_R(x)$ 表示立体像对中的左右图像。假设它们之间满足如下模型:

$$I_L(x) = I_R(x - \Delta x) \tag{6.5}$$

对式(6.5)进行傅里叶变换可得

$$F\{I_L\}(\omega) = F\{I_R\}(\omega)\mathrm{e}^{-\mathrm{j}\omega\Delta x} \tag{6.6}$$

式中,$F\{I_L\}(\omega)$、$F\{I_R\}(\omega)$ 分别表示立体像对 $I_L(x)$ 和 $I_R(x)$ 的傅里叶变换。

然后根据相位相等可得

$$\varphi_L(\omega) = \varphi_R(\omega) - \omega\Delta x \tag{6.7}$$

式中,$\varphi_L(\omega) = \arg F\{I_L\}(\omega)$,$\varphi_R(\omega) = \arg F\{I_R\}(\omega)$。

当给定频率 ω_0 时,x 点的视差可表示为

$$\Delta x = \frac{\varphi_R(\omega_0) - \varphi_L(\omega_0)}{\omega_0} \tag{6.8}$$

(2)相位相关法是根据相位之间的相关性会在对应点位置上产生一个单位脉冲信号,然后通过该脉冲信号的位置信息计算视差值。该方法的主要过程是,首先将左右图像的傅里叶变换表示成指数形式:

$$F\{I_L\}(\omega) = A_L(\omega)\mathrm{e}^{\mathrm{j}\varphi_L(\omega)}, \quad F\{I_R\}(\omega) = A_R(\omega)\mathrm{e}^{\mathrm{j}\varphi_R(\omega)} \tag{6.9}$$

式中,$A_L(\omega)$、$A_R(\omega)$ 分别表示左右图像的谱数量;$\varphi_L(\omega)$、$\varphi_R(\omega)$ 分别表示它们的相位。

然后将 $F\{I_L\}(\omega)$ 与 $F\{I_R\}(\omega)$ 的复共轭相乘再除以它们的谱数量乘积可得

$$\frac{F^*\{I_L\}(\omega)F\{I_R\}(\omega)}{A_L(\omega)A_R(\omega)} = \frac{A_L(\omega)A_R(\omega)\mathrm{e}^{\mathrm{j}(\varphi_R(\omega)-\varphi_L(\omega))}}{A_L(\omega)A_R(\omega)} = \mathrm{e}^{\mathrm{j}(\varphi_R(\omega)-\varphi_L(\omega))} \tag{6.10}$$

再将式(6.7)代入式(6.10)可得

$$\frac{F\{I_L\}(\omega)F^*\{I_R\}(\omega)}{A_L(\omega)A_R(\omega)} = \mathrm{e}^{\mathrm{j}(\omega\Delta x)} \tag{6.11}$$

式中,$\mathrm{e}^{\mathrm{j}(\omega\Delta x)}$ 为频率域上的正弦函数。其逆傅里叶变换是一个位于 Δx 处的冲击函数即 $\delta(\Delta x)$,通过查找该冲击函数的所在位置即可计算出对应点的视差。

6.2.4 变分法

基于变分法的亚像素级匹配方法首先根据变分原理构造一个关于视差函数 $d(x,y)$ 的能量函数,其能量函数的一般结构为

$$E(d) = \iint_\Omega \text{Data\_term}(x,y,d)$$
$$+ \alpha \cdot \text{Smooth\_term}(\nabla d)\mathrm{d}x\mathrm{d}y \tag{6.12}$$

式中,数据项描述的是视差函数 $d(x,y)$ 与给定立体像对的匹配程度,一般通过图像的位移不变属性建立数据项;平滑项代表场景的先验假设,一般通过惩罚较大的视差梯度来施加平滑性限制。

基于变分法的目标就是通过求解能量函数 $E(d(x,y))$ 的欧拉—拉格朗日方程获得

能量函数的极小化解 $d(x,y)$，而且当能量函数式(6.12)是严格的凸函数时，它有唯一一个能够满足欧拉－拉格朗日方程的极小化解。令 F 代表式(6.12)的数据项与平滑项之和，则

$$F = \text{Data\_term}(x,y,d) + \alpha \text{Smooth\_term}(\nabla d) \tag{6.13}$$

通过变分原理可获得该能量函数式(6.12)的欧拉－拉格朗日方程为

$$F_d - \frac{\mathrm{d}}{\mathrm{d}x}F_{d_x} - \frac{\mathrm{d}}{\mathrm{d}y}F_{d_y} = 0 \tag{6.14}$$

式中，F_d 表示能量函数关于视差函数 $d(x,y)$ 的导数，$\mathrm{d}x$ 表示视差函数关于 x 的导数，$\mathrm{d}y$ 表示视差函数关于 y 的导数，F_{d_x} 表示能量函数关于函数 d_x 的导数，F_{d_y} 表示能量函数关于函数 d_y 的导数。通过对该方程进行离散化处理获得一个超大稀疏线性方程组，然后通过对该方程组进行求解获得视差函数的数值解。

6.3　迭代二倍重采样法的原理及实现

6.3.1　基本原理

为了能获取高精度的亚像素级视差，同时使算法具有较低的计算复杂度，本章提出一种基于迭代二倍重采样的亚像素级匹配方法。该方法每次迭代时仅对匹配窗口进行二倍采样，然后计算参考窗口与该分辨率上多个匹配窗口的匹配代价，从中确定亚像素级匹配位置；下次迭代时，再对以当前亚像素级匹配位置为中心的匹配窗口继续二倍采样，计算参考窗口与在更高分辨率上的多个匹配窗口的匹配代价，从中确定更精确的亚像素级匹配位置，这个过程一直迭代到算法收敛或者达到最大迭代次数为止。图 6.1 所示为亚像素匹配的迭代过程示意图，图中显示了当支撑窗口为 3×3 时，对支撑窗口进行 3 次二倍重采样，通过该示意图可以看出亚像素级匹配过程的每次迭代仅是对亚像素级对应点所在的匹配窗口进行二倍重采样。图 6.1(a) 显示了当视差为整数级时匹配窗口中的所有像素点，其中灰色点表示初始整数级视差的对应点。图 6.1(b) 显示了匹配窗口经过 1 次迭代后的结果，匹配窗口中的每一像素点被分为 4 个小像素，这些小像素代表着亚像素位置，并在每 4 个小像素中选择 1 个像素构成若干个匹配窗口，这些匹配窗口中的相邻两点的距离依然保持不变，即与整数级匹配窗口中的相邻像素之间的距离相等。图中显示每次迭代时可以获得 4 个新的匹配窗口，然后在这些匹配窗口中选择一个最优偏移如图 6.1(c) 中深灰色所示。图 6.1(c) 显示了 2 次迭代后的结果，在该迭代中又将新对应点及其他支撑点分为 4 份。图 6.1(d) 显示了 3 次迭代后的匹配窗口。

实现亚像素级匹配方法的具体步骤如下。

(1) 首先在参考图像当中选择一待匹配点 $(x_0,y_0) \in \tilde{u}$，然后设置其初始迭代次数 $k=1$，最后计算以 (x_0,y_0) 为中心的参考窗口 $\tilde{W}(x,y)$，其数学表达式为

$$\tilde{W}(x_0,y_0) = \left\{ (x_0,y_0) + (w_x,w_y) \left| \lfloor -\frac{w}{2} \rfloor \leqslant w_x, w_y \leqslant \lfloor \frac{w}{2} \rfloor \right. \right\} \tag{6.15}$$

式中，$\tilde{u}$ 表示参考图像；w 表示窗口大小；w_x、w_y 表示整型变量；$\lfloor \rfloor$ 表示向下取整。

（2）根据计算视差 $m^k(x_0,y_0)$ 为参考图像中的像素点 (x_0,y_0) 计算对应点，其对应点为 $(x_0+m^k(x_0,y_0),y_0)\in u$，当迭代次数 $k=1$ 时，$m^k(x_0,y_0)$ 表示的是整数级视差，然后为对应点 $(x_0+m^k(x_0,y_0),y_0)$ 计算亚像素级偏移集，其数学表达式为

$$\text{offset}=\left\{(0,0),\left(-\frac{1}{2^k},0\right),\left(\frac{1}{2^k},0\right),\left(0,-\frac{1}{2^k}\right),\left(0,\frac{1}{2^k}\right),\right.$$

$$\left.\left(-\frac{1}{2^k},-\frac{1}{2^k}\right),\left(-\frac{1}{2^k},\frac{1}{2^k}\right),\left(\frac{1}{2^k},\frac{1}{2^k}\right),\left(\frac{1}{2^k},-\frac{1}{2^k}\right)\right\} \tag{6.16}$$

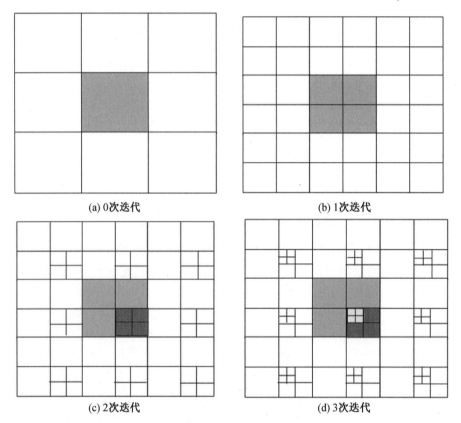

图 6.1　亚像素匹配的迭代过程示意图

（3）根据对应点 $(x_0+m^k(x_0,y_0),y_0)$、窗口大小 w 和亚像素偏移集 offset 在对应点的邻域内计算偏移窗口集，即

$$\begin{cases} W=\{W_r\,|\,r\in\text{offset}\} \\ W_r=\left\{(x_0+m^k(x_0,y_0),y_0)+(w_x,w_y)+r\left|\,\lfloor-\frac{w}{2}\rfloor\leqslant w_x,w_y\leqslant\lfloor\frac{w}{2}\rfloor\right.\right\} \end{cases} \tag{6.17}$$

（4）利用插值公式为每一偏移匹配窗口 $W_r\in W$ 中的所有像素点计算灰度值。

（5）根据匹配代价公式计算参考窗口 $\widetilde{W}(x,y)$ 与偏移窗口 $W_r\in W$ 当中对应点的匹配代价。

（6）根据代价累积策略累积参考窗口 $\widetilde{W}(x,y)$ 与偏移窗口 $W_r\in W$ 之间的匹配代价。

$$C_r = \mathrm{aggr}(\widetilde{W}, W_r), \quad r \in \mathrm{offset} \tag{6.18}$$

（7）根据"胜者全取"策略计算像素点(x_0, y_0)的亚像素级最优偏移位置。

$$\mathrm{best} = \arg \min_{r \in \mathrm{offset}} C_r \tag{6.19}$$

（8）为像素点(x_0, y_0)计算亚像素级视差。

$$m^{k+1}(x_0, y_0) = m^k(x_0, y_0) + \mathrm{best} \tag{6.20}$$

（9）当$k \leqslant k_{\max}$时转入步骤（2）继续迭代，否则转入步骤（1）继续迭代下一像素点。

6.3.2　匹配代价计算

在亚像素级匹配方法的步骤（6）中涉及了计算参考窗口$\widetilde{W}$与匹配窗口W之间的匹配代价，其匹配代价的一般形式可表示为

$$c(p, \bar{p}) = \frac{\displaystyle\sum_{q \in \widetilde{W}, \bar{q} \in W} \bar{\omega}(p, q)\bar{\omega}(\bar{p}, \bar{q})e(p, \bar{q})}{\displaystyle\sum_{q \in \widetilde{W}, \bar{q} \in W} \bar{\omega}(p, q)\bar{\omega}(\bar{p}, \bar{q})} \tag{6.21}$$

式中，p表示参考窗口$\widetilde{W}$的中心点，即参考图像中的待匹配点；$\bar{p}$表示匹配窗口W的中心点，即像素点p的亚像素级对应点；$\bar{\omega}(p, q)$、$\bar{\omega}(\bar{p}, \bar{q})$分别表示像素点对$p$、$q$与像素点对$\bar{p}$、$\bar{q}$对匹配代价的权重；$e(p, \bar{q})$表示对应点的原始匹配代价。

本章在亚像素级匹配方法当中采用了基于像素级别的匹配代价计算方法，该类方法主要包括灰度差绝对值、灰度差平方及其变体版本。在这些方法当中最直接的方法是采用像素点的灰度差绝对值，其数学表达式为

$$e(p, \bar{q}) = |\widetilde{W}(p) - W(\bar{q})| \tag{6.22}$$

式中，$\widetilde{W}(p)$表示参考窗口中像素点p的灰度值；$W(\bar{q})$表示匹配窗口中像素点$\bar{q}$的灰度值。

该方法对图像噪声及辐射差异的鲁棒性较差，容易造成匹配代价不能准确反映匹配约束。因此，在实际计算过程中经常采用截断的匹配代价计算方法，其数学表达式为

$$e(p, \bar{q}) = \min(|\widetilde{W}(p) - W(\bar{q})|, T_s) \tag{6.23}$$

式中，T_s表示截断阈值。

其他的匹配代价计算方法还包括灰度差平方及其变体版本，它们的数学表达式分别为

$$e(p, \bar{q}) = |\widetilde{W}(p) - W(\bar{q})|^2 \tag{6.24}$$

$$e(p, \bar{q}) = \min((|\widetilde{W}(p) - W(\bar{q})|)^2, T_s) \tag{6.25}$$

这部分主要介绍了一些在亚像素级匹配方法中使用的匹配代价计算方法，在本章提出的亚像素级匹配方法中选择了式（6.25）作为匹配代价计算方法。

6.3.3　自适应权重

为了获得更加可靠的匹配代价，亚像素级匹配方法在步骤（6）中对原始匹配代价进

行了累积。代价累积的基本准则是选择与待匹配点位于同一空间曲面且具有相同视差的像素点的原始匹配代价进行累积。为精确累积匹配代价,本章采用了 Yoon 等人提出的自适应权重方法累积匹配代价,该方法根据与待匹配点的几何距离与值域距离,计算支撑窗口内像素点所对应的原始匹配代价在累积匹配代价中所占的权重。实际上,权重信息代表着置信度,较大的权重代表该像素点与待匹配点具有相同视差的置信度高,该点的原始代价在累积代价中应占有较大的比例。其权重函数的表达式为

$$\bar{\omega}(p,q) = f(\Delta s_{pq}, \Delta r_{pq}) \tag{6.26}$$

式中,Δs_{pq}、Δr_{pq} 分别表示 p、q 之间的几何距离与值域距离。通过假定函数 f 具有可分性,可以将权重函数式(6.26)的表达形式进一步简化为

$$\bar{\omega}(p,q) = f_p(\Delta s_{pq}) \cdot f_p(\Delta r_{pq}) \tag{6.27}$$

几何距离相近的点可能位于同一场景曲面上且具有相同的视差,因此赋予较大的权重;值域距离相近的点即具有相似的颜色信息也同样如此,因此也同样赋予较大的权重。为此,可以把函数 f_p 定义为高斯函数,由此 $f_p(\Delta s_{pq})$ 表达式的定义为

$$f_p(\Delta s_{pq}) = \exp\left(-\frac{\Delta s_{pq}}{\gamma_s}\right) \tag{6.28}$$

式中,γ_s 是一恒定常数;Δs_{pq} 是像素点之间的几何距离,其数学表达式为

$$\Delta s_{pq} = \sqrt{(x_p - x_q)^2 + (y_p - y_q)^2} \tag{6.29}$$

同理,$f_p(\Delta r_{pq})$ 表达式的定义为

$$f_p(\Delta r_{pq}) = \exp\left(-\frac{\Delta r_{pq}}{\gamma_r}\right) \tag{6.30}$$

式中,γ_r 是一恒定常数;Δr_{pq} 是像素点之间的值域距离,其数学表达式为

$$\Delta r_{pq} = \sqrt{(R_p - R_q)^2 + (G_p - G_q)^2 + (B_p - B_q)^2}$$

根据式(6.28)和(6.30),自适应权重函数式(6.26)可以表示为

$$\bar{\omega}(p,q) = \exp\left(-\left(\frac{\Delta s_{pq}}{\gamma_s} + \frac{\Delta r_{pq}}{\gamma_r}\right)\right) \tag{6.31}$$

最后,根据权重函数式(6.31)利用式(6.21)计算累积代价。

6.3.4　插值函数

在本章提出的亚像素级匹配方法的步骤(4)中需要利用插值公式为每一偏移匹配窗口中的亚像素点计算灰度值。插值方法的精度会直接影响到该亚像素级匹配方法的匹配精度。因此本章在此介绍一些常用的插值方法,并在其中选择一个适合的插值方法计算亚像素点的灰度值。在介绍插值方法之前首先给出一些关于插值法的定义。

设函数 $y = f(x)$ 在区间 $[a,b]$ 上有定义,且已知函数在点 $a \leqslant x_0 < x_1 < \cdots < x_n \leqslant b$ 上的值为 $y_0, y_1, \cdots, y_n$,如果存在一简单函数 $P(x)$,使

$$P(x_i) = y_i, \quad i = 0, 1, \cdots, n \tag{6.32}$$

成立,则称 $P(x)$ 为函数 $f(x)$ 的插值函数,点 $x_0, x_1, \cdots, x_n$ 称为插值节点,包含节点的区间 $[a,b]$ 称为插值区间,求取插值函数 $P(x)$ 的方法称为插值方法。如 $P(x)$ 是一个次数不超过 n 的多项式即

$$P(x) = a_0 + a_1 x + \cdots + a_n x^n \tag{6.33}$$

式中，a_i 为实数。

这里称 $P(x)$ 为插值多项式，相应的插值方法称为多项式插值法。当 $n=1$ 时，多项式插值简化成线性插值，假定插值区间为 $[x_k, x_{k+1}]$，其端点的函数值为 $y_k = f(x_k)$，$y_{k+1} = f(x_{k+1})$，则要求线性插值多项式 $L_1(x_k)$ 满足：

$$L_1(x_k) = y_k, L_1(x_{k+1}) = y_{k+1} \tag{6.34}$$

实际上，$n=1$ 的几何意义就是求解通过插值节点 (x_k, y_k) 和 (x_{k+1}, y_{k+1}) 的直线。如果用两点式来表达该直线，则有

$$L_1(x) = \frac{x - x_{k+1}}{x_k - x_{k+1}} y_k + \frac{x - x_k}{x_{k+1} - x_k} y_{k+1} \tag{6.35}$$

式 (6.35) 是两个线性函数：

$$\begin{cases} l_k(x) = \dfrac{x - x_{k+1}}{x_k - x_{k+1}} \\ l_{k+1}(x) = \dfrac{x - x_k}{x_{k+1} - x_k} \end{cases} \tag{6.36}$$

的线性组合，并把 $l_k(x)$、$l_{k+1}(x)$ 分别称为插值节点 x_k、x_{k+1} 的一次线性插值基函数。当把该方法推广到 $k+1$ 个插值节点 (x_0, y_0)，$\cdots$，(x_k, y_k) 时，则获得了拉格朗日插值多项式，即

$$L(x) = \sum_{j=0}^{k} y_j l_j(x) \tag{6.37}$$

式中，$l_j(x)$ 为拉格朗日插值基函数，其数学表达式为

$$l_j(x) = \prod_{i=0, i \neq j}^{k} \frac{x - x_i}{x_j - x_i} \tag{6.38}$$

这种形式的插值方法称为拉格朗日插值法。

若用点斜式表达该直线，则有

$$\begin{aligned} L_1(x) &= y_k + \frac{y_{k+1} - y_k}{x_{k+1} - x_k}(x - x_k) \\ &= y_k + \frac{f(x_{k+1}) - f(x_k)}{x_{k+1} - x_k}(x - x_k) \\ &= y_k + f[x_k, x_{k+1}](x - x_k) \end{aligned} \tag{6.39}$$

式中，$f[x_k, x_{k+1}]$ 为在 x_k、x_{k+1} 点的一阶差商。

这种形式的插值方法称为牛顿插值法。该方法推广到 $k+1$ 个插值节点 (x_0, y_0)，$\cdots$，(x_k, y_k) 时，则有

$$N(x) = \sum_{j=0}^{k} a_j n_j(x) \tag{6.40}$$

式中，$n_j(x)$ 为牛顿插值基函数，其数学表达式为

$$n_j(x) = \prod_{i=0}^{j-1} (x - x_i) \tag{6.41}$$

式中，$n_0(x) = 1$。

系数 a_j 定义为

$$\begin{cases} a_0 = f[x_0] = f(x_0), f[x_1] = f(x_1) \\ a_1 = f[x_0, x_1] = \dfrac{f[x_1] - f[x_0]}{x_1 - x_0} \\ a_2 = f[x_0, x_1, x_2] = \dfrac{f[x_1, x_2] - f[x_0, x_1]}{x_2 - x_0} \\ \quad\vdots \\ a_j = f[x_0, x_1, \cdots, x_j] = \dfrac{f[x_1, x_2, \cdots, x_j] - f[x_0, x_1, \cdots, x_{j-1}]}{x_j - x_0} \end{cases} \tag{6.42}$$

现假设插值函数 $P(x)$ 不是一个简单的多项式函数,而是一个分段函数,在每个小区间 $[x_k, x_{k+1}]$ 上为形如式(6.33)的 n 次多项式,且满足以下条件。

(1) 在插值区间 $[a, b]$ 上具有 $n-1$ 阶连续导数。

(2) $P(x_i) = y_i(i = 0, 1, \cdots, n)$。

(3) 在每个小区间 $[x_k, x_{k+1}]$ ($k = i = 0, 1, \cdots, n-1$) 上,$P(x)$ 都是 n 次多项式。

满足上述条件的函数 $P(x)$ 称为 n 次样条(Spline)插值函数。现以三次样条插值函数(即 $n = 3$)为例说明样条插值过程。从样条函数的定义可知,样条函数 $P(x)$ 在每个小区间 $[x_k, x_{k+1}]$ 上分别有 4 个参数,共有 n 个小区间,总计 $4n$ 个参数,因此求解样条函数 $P(x)$ 需要 $4n$ 个方程进行联立求解。由于样条函数 $P(x)$ 在插值区间 $[a, b]$ 上具有二阶连续导数,因此在节点 $x_k(k = 1, 2, \cdots, n-1)$ 处应满足连续条件,这样可以获得 $3n-3$ 个方程,再加上样条函数 $P(x)$ 满足插值条件,可以再获得 $n-1$ 个方程,共有 $4n-2$ 个方程,要求得插值函数 $P(x)$ 的表达式还需两个条件。通常做法是在插值区间 $[a, b]$ 的端点分别加上一个条件,这两个条件称为边界条件,可根据问题的实际情况给定。常见的边界条件有以下三类。

(1) 给定插值区间 $[a, b]$ 两个端点 a、b 的一阶导数值为

$$P'(x_0) = f'_0, \quad P'(x_n) = f'_n \tag{6.43}$$

(2) 给定插值区间 $[a, b]$ 两个端点 a、b 的二阶导数值为

$$P''(x_0) = f''_0, \quad P''(x_n) = f''_n \tag{6.44}$$

式中,当 $f''_0 = f''_n = 0$ 时,该条件称为自然边界条件。

(3) 当函数 $f(x)$ 是一个周期为 $x_n - x_0$ 的周期函数时,则要求插值函数 $P(x)$ 也为周期函数,此时边界条件为

$$\begin{cases} P(x_0 + 0) = P(x_n - 0) \\ P'(x_0 + 0) = P'(x_n - 0) \\ P''(x_0 + 0) = P''(x_n - 0) \end{cases} \tag{6.45}$$

至此已经介绍了一些常用的插值方法,在实验阶段将要具体分析这些插值方法对匹配精度的影响,以选择一个较为理想的插值方法应用到本章提出的亚像素级匹配方法中。

6.4　理论分析与实验验证

6.4.1　时间复杂度分析

　　与图像重采样法相比,本章提出的基于迭代二倍重采样的亚像素级匹配方法具有较高的匹配效率。当亚像素精度要求精确到 $1/2^5$ 时,对每个像素点而言,图像重采样法需要进行 32×32 次比较,而本章方法仅需要进行 9×5 次比较。通过以上对比表明本章提出的基于迭代二倍重采样的亚像素级匹配方法是一种快速的亚像素级匹配方法,具有较高的匹配效率。

6.4.2　立体像对制作

　　为了验证本章提出的亚像素级匹配方法的匹配精度,本章制作了带有亚像素偏移的立体像对,该立体像对水平方向和垂直方向分别由余弦函数构成,其图像函数的数学表达式为

$$I(u,v) = \left(\frac{1}{2} + \frac{1}{4} \left(\cos\left(\frac{\pi u^2}{R} \right) + \cos\left(\frac{\pi v^2}{R} \right) \right) \right) \times 255 \qquad (6.46)$$

式中,R 为一个规范常量,在本实验中 $R = 1\,000$。

　　为了生成具有亚像素偏移的图像,本实验使用 $I\left(u - \frac{n}{20}, v - \frac{n}{20} \right)$ 生成了具有 $\frac{n}{20}$ 亚像素偏移的图像,其生成的亚像素立体像对偏移图像如图 6.2 所示,图 6.2(a) 为参考图像,图 6.2(b) ～ (f) 分别为带有小数偏移的匹配图像。

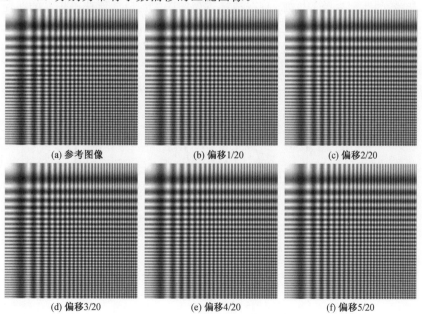

(a) 参考图像　　　　　　(b) 偏移1/20　　　　　　(c) 偏移2/20

(d) 偏移3/20　　　　　　(e) 偏移4/20　　　　　　(f) 偏移5/20

图 6.2　亚像素立体像对偏移图像

6.4.3 匹配精度验证

在第一组实验中,采用了在 6.4.2 节中制作的立体像对对匹配精度进行了验证。该实验分析了迭代次数对匹配精度的影响,其实验参数设置是,匹配窗口大小为 19,匹配度量为 SAD,插值公式为 Cubic 插值,实验测试结果如图 6.3 所示。图中显示了随着迭代次数的增加匹配误差逐渐减少,当迭代次数超过 12 时,误差开始收敛,实验证明选择适当的迭代次数可使匹配误差收敛于某一固定值。

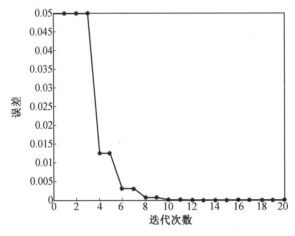

图 6.3 迭代次数对匹配精度的影响

第二组实验分析了窗口大小对匹配精度的影响,实验设置是,匹配度量为 SAD,插值公式为 Cubic 插值,迭代次数为 20,实验测试结果如图 6.4 所示。图中显示了较小或较大的窗口都会导致匹配误差的增加,只有选择适当的匹配窗口才能获得较高的匹配精度,在本实验中匹配窗口在 15 ~ 21 之间都可以获得令人满意的匹配精度。实验结果证明支撑窗口的选择对于获得高精度的亚像素级视差是至关重要的,在纹理丰富区域应选择较小的支撑窗口,而在弱纹理区域应选择较大支撑窗口。

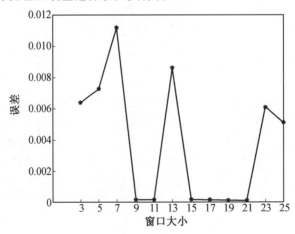

图 6.4 窗口大小对匹配精度的影响

　　第三组实验分析插值方法对匹配精度的影响,实验设置是,匹配度量为 SAD,匹配窗口大小为 19,迭代次数为 20,实验测试结果如图 6.5 所示。本实验一共测试了 5 种插值方法,分别是三次(Cubic)插值、样条(Spline)插值、线性(Linear)插值、拉格朗日(Lagrange)插值和牛顿(Newton)插值。实验结果显示线性插值效果最差,Cubic 插值效果最好,其他三个方法效果相同。也可以使用其他一些高阶插值方法获得较高的匹配精度,高阶插值方法虽然可以获得较高的匹配精度,但是大大增加了计算复杂度,因此在实际的匹配中应兼顾效率和精度选择一个合适的插值方法。

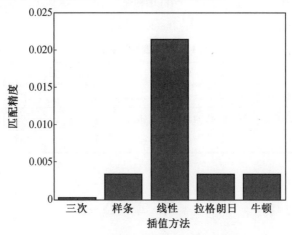

图 6.5　插值方法对匹配精度的影响

　　在第四组实验中验证了本章算法的高程精度,实验首先利用立体匹配方法获得整数级视差,然后采用所提算法获得亚像素级视差,最后利用高程计算公式计算高程信息,其高程的计算公式为

$$h = \frac{\delta R}{B/H} \tag{6.47}$$

式中,δ 表示视差;B/H 表示基高比;R 表示地面分辨率。

　　其中亚像素级匹配阶段的实验设置是,匹配度量为 SAD,插值公式为 Cubic 插值,迭代次数为 20,匹配窗口大小为 19。实验采用的立体像对是一幅带有真实高程信息的小基高比立体像对(图 6.6(a)、(b)),该立体像对由 8 个带有真实高程信息的建筑物组成,其基高比为 0.05,地面分辨率 $R = 0.2$,实验生成的视差图如图 6.6(c)所示,并根据该视差图计算了场景中这 8 个建筑物的高程信息,计算结果见表 6.1。通过对这 8 个建筑物的测量高程进行比较可以看出,所提算法具有较高的高程精度,其平均高程误差为 0.13 m。通过统计分析得出有 62.5% 的像素点优于 1/30 个像元;14.28% 的像素点像元差异精度在 1/15 与 1/30 之间;23.22% 的像素点像元差异精度小于 1/15。

(a) 左图像

(b) 右图像
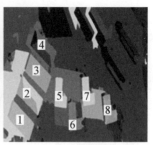
(c) 视差图

图 6.6　Building 实验结果

表 6.1　高程信息计算结果

建筑物	1	2	3	4	5	6	7	8
δ 视差 /pixel	11.30	17.52	11.15	3.79	25.00	10.02	19.71	15.00
测量高程 /m	45.23	70.08	44.61	15.17	100.00	40.09	79.86	60.00
真实高程 /m	45.00	70.00	45.00	15.00	100.00	40.00	80.00	60.00

6.5　本 章 小 结

　　本章首先介绍了传统亚像素级匹配方法并且分析了各类方法存在的缺陷,然后针对亚像素级匹配方法存在的缺陷提出一种基于迭代二倍重采样的亚像素级匹配方法。该方法每次迭代时仅对匹配窗口进行二倍采样,在此分辨率基础上计算亚像素级对应点,然后再对以当前亚像素级对应点为中心的匹配窗口在更精细的尺度上继续二倍采样计算更加精确的亚像素级视差,最后反复迭代直到匹配误差收敛或达到最大迭代次数为止。实验结果表明,本章提出的亚像素级匹配方法不但可以获得较高精度的亚像素级视差而且具有较快的匹配速度,其像元匹配差异精度优于 1/30 个像元。

第 7 章　基于变分原理的亚像素级立体匹配方法

7.1　概　　述

在立体观测中当视差精度一定时,基高比越大深度误差越小,因此,在立体观测中大多选择大基高比立体匹配方法以减少因视差精度不够而导致深度误差的增加。然而大基高比会导致立体像对中存在更多的遮挡、更大的辐射差异和几何畸变,这些因素在一定程度上增加了匹配难度,导致了大量的误匹配,致使计算结果难以满足实际应用的要求。为减弱遮挡、辐射差异和几何畸变等因素对匹配的影响,提高匹配的准确度,小基高比条件下的立体匹配技术应运而生。但是小基高比会造成深度精度的损失,因此在小基高比立体匹配中需要视差精度达到亚像素级别。小基高比立体匹配方法的难点在于为每一点选择合适的窗口大小以获得精确可靠的视差。为了选择合适的窗口,在匹配过程中引入了自适应窗口技术,虽然在一定程度上解决了匹配可靠性问题,但是当局部窗口违背"前视平坦"假设就会导致"黏合"现象的发生,而这一现象直接导致视差图中的物体边缘产生"膨胀"。为获得与大基高比立体匹配相同的深度精度,需要小基高比立体匹配的视差精度精确到亚像素级别。传统的亚像素级匹配方法主要包括图像重采样法、拟合法和相位法。图像重采样法是利用插值技术对匹配图像进行插值获得高分辨率图像,高分辨率图像中的每个像素位置代表原图像的亚像素位置,再利用匹配技术确定亚像素视差。此算法的复杂度较高而且亚像素精度受插值限制。拟合法是利用最优匹配代价及其左右相邻代价进行拟合获得成本函数的连续表达形式,再求其函数的极值位置。此极值点位置即为亚像素视差位置,此算法具有实现简单、复杂度低等优点,但其亚像素精度较低。相位法是利用频域的相位信息获得像点的位移信息,但频率的混叠效应会严重影响算法的定位精度。鉴于视差精度和速度问题,这些亚像素级匹配方法都不适合应用于小基高比立体匹配当中。

为解决小基高比立体匹配中的"黏合"现象同时获得高精度的亚像素级视差,本章提出一种小基高比立体匹配方法。该方法首先通过简化版的自适应窗口技术确定匹配窗口大小,再根据自适应权重计算匹配代价,然后通过"胜者全取"计算整数级视差。最后为获得高精度的亚像素级视差,该方法在整数级视差的基础上采用了基于变分原理的亚像素级匹配方法,该亚像素方法首先根据规范互相关函数和混合平滑项构建健壮的能量函数,然后根据变分原理获得该能量函数的欧拉方程,最后通过连续过松弛法进行迭代求解。

7.2　亚像素匹配

如果要求小基高比立体匹配方法能获得与大基高比立体匹配方法相同的深度精度，则需要计算视差必须精确到 $1/m$ 亚像素精度，其中 m 为大基高比与小基高比的比值。为此，本章提出一种基于变分原理的亚像素级匹配方法来补偿小基高比对深度精度的影响。变分法已成功地应用在立体匹配中并取得了显著的效果。在基于变分法的立体匹配当中，能量函数中的数据项和平滑项对模型解的质量起着决定性作用，健壮的数据项和平滑项具有更强的适应性，可以抵抗各种噪声对匹配的影响。目前，在基于变分法的立体匹配与光流估计中能量函数的数据项都是基于平方差和（Sum of Squared Differences，SSD）的，该数据项基于灰度恒定假设，在实际应用中立体像对难以满足这一假设，特别是当立体像对存在光强不一致时，该数据项的鲁棒性很差。本章针对目前变分法的缺陷提出了以下改进，并将其应用到亚像素级立体匹配当中：① 将健壮的规范互相关函数作为能量函数的数据项以增强数据项的鲁棒性；② 将图像驱动的平滑项和视差驱动的平滑项相结合以增加视差传播的可靠性；③ 通过连续过松弛法进行迭代求解以加快解的收敛速度。

7.2.1　基于变分原理的亚像素级匹配

为获得亚像素级视差，本章把视差函数分为整数级视差函数和亚像素级视差函数两部分，即

$$M(x,y)=m(x,y)+d(x,y) \tag{7.1}$$

式中，$m(x,y)$ 表示已知的整数级视差函数；$d(x,y)$ 表示未知的亚像素级视差函数。

然后本章根据变分原理构造一个关于函数 $d(x,y)$ 的能量函数，其能量函数的一般结构为

$$E(d)=\iint_\Omega \mathrm{Data\_term}(x,y,d)+\alpha\cdot\mathrm{Smooth\_term}(\nabla d)\mathrm{d}x\mathrm{d}y \tag{7.2}$$

式中，数据项描述视差函数 d 与给定立体像对的匹配程度，一般通过图像的位移不变属性建立数据项；平滑项代表场景的先验假设，一般通过惩罚较大的视差梯度来施加平滑性限制。

基于变分法的目标就是通过求解能量函数 $E(d(x,y))$ 的欧拉－拉格朗日方程来获得能量函数的极小化解 $d(x,y)$，而且当能量函数式（7.2）是严格的凸函数时，它有唯一一个能满足欧拉－拉格朗日方程的极小化解。令 F 为式（7.2）的数据项与平滑项之和，即

$$F=\mathrm{Data\_term}(x,y,d)+\alpha\mathrm{Smooth\_term}(\nabla d)$$

通过变分原理获得能量函数 $E(d(x,y))$ 的欧拉－拉格朗日方程为

$$F_d-\frac{\mathrm{d}}{\mathrm{d}x}F_{d_x}-\frac{\mathrm{d}}{\mathrm{d}y}F_{d_y}=0 \tag{7.3}$$

式中，F_d 表示能量函数关于视差函数 $d(x,y)$ 的导数；$\mathrm{d}x$ 表示视差函数关于 x 的导数；$\mathrm{d}y$

表示视差函数关于 y 的导数;F_{d_x} 表示能量函数关于函数 d_x 的导数;F_{d_y} 表示能量函数关于函数 d_y 的导数。

通过对方程(7.3)进行离散化处理获得一个超大稀疏线性方程组,然后通过对该方程组进行求解获得视差函数的数值解。

7.2.2　能量函数构造

能量函数一般由数据项和平滑项构成,这两部分分别代表不同的含义,本章将分别构造它们。数据项的选择一般都是基于图像属性特征的位移不变性。在基于变分法的立体匹配中,数据项的选择都是基于灰度恒定假设,其数据项为

$$\text{Data\_term}(x,y,d(x,y)) = \left| u(x-d(x,y),y) - \tilde{u}(x,y) \right|^2 \tag{7.4}$$

式中,$\tilde{u}$ 表示参考图像;u 表示匹配图像。

在实际应用中数据项(7.4)的鲁棒性很差,特别是当立体像对中存在光强不一致时,该数据项经常导致错误的极值点。为增强数据项的鲁棒性,本章选择了规范互相关函数作为能量函数的数据项。由于规范互相关函数的极大值点代表模型解,为了能整合到变分框架中,本章取负规范互相关函数作为能量函数的数据项,其数学表达式为

$$\text{Data\_term}(x,y,d(x,y)) = -\frac{\langle \tau_d u, \tilde{u} \rangle_{\varphi_{x_0}}}{\| \tau_d u \|_{\varphi_{x_0}} \| \tilde{u} \|_{\varphi_{x_0}}} \tag{7.5}$$

式中,$\tau_d u = u(x-m(x,y)-d(x,y),y)$,函数 $m(x,y)$ 表示整数级视差;$\langle \cdot, \cdot \rangle_{\varphi_{x_0}}$ 表示以 x_0 点为中心的支撑窗口上的内积;$\| \cdot \|_{\varphi_{x_0}}$ 表示以 x_0 点为中心的支撑窗口上的范数。

平滑项基于真实世界是由平滑曲面构成的,空间位置相邻的区域大多属于同一对象,而且这些区域拥有相似的视差。平滑项的主要作用是重新分配视差和消除视差的局部错误。在可靠的数据项信息不可获得的情况下,平滑项可以使用来自邻域的视差填充不可靠区域。立体匹配中的平滑项分为图像驱动的平滑项和视差驱动的平滑项两类,其中,图像驱动的平滑项可以抑制图像边界的视差场,该平滑项在视差边界和图像边界重合时效果较好,但是在现实世界中图像边界和视差边界并非都是一致的,当视差边界和图像边界不一致时就会导致不正确的平滑,特别是在图像的强纹理区会出现"过分割"现象;视差驱动的平滑项仅考虑了视差信息,因此不会出现上述"过分割"现象,但该平滑项忽略了图像域的信息。为增加视差传播的可靠性,本章构造一个复合平滑项为

$$\text{Smooth\_term}(\nabla d) = \Theta \cdot g(|\nabla \tilde{u}|^2) |\nabla d|^2 + (1-\Theta)\Psi(|\nabla d|^2) \tag{7.6}$$

式中,Θ 是一个平衡参数;g 是一个严格正定的、递减函数,其数学表达式为

$$g(x) = e^{-x^2/2\sigma^2}$$

Ψ 是一个可微的、递增函数,其数学表达式为

$$\Psi(s^2) = 2\beta^2 \sqrt{1 + \frac{s^2}{\beta^2}}$$

复合平滑项将根据图像的纹理特征自适应地做出选择,使在强纹理区域选择视差驱动的平滑项,而在弱纹理区域选择图像驱动的平滑项。为实现这一目标本章根据图像的纹理特征将 Θ 设置为一个二值函数,即

$$\Theta(x,y)=\begin{cases}0, & (x,y)\in \widetilde{u}_{\text{tex}}\\ 1, & (x,y)\in \widetilde{u}_{\text{un tex}}\end{cases} \tag{7.7}$$

式中，$\widetilde{u}_{\text{tex}}$ 表示强纹理集；$\widetilde{u}_{\text{un tex}}$ 表示弱纹理集。

根据以上阐述最终的能量函数为

$$E(d(x,y))=\iint\limits_{\Omega}-\frac{\langle \tau_d u,\widetilde{u}\rangle_{\varphi_{x_0}}}{\parallel \tau_d u\parallel_{\varphi_{x_0}}\parallel \widetilde{u}\parallel_{\varphi_{x_0}}}+\frac{\alpha}{2}(\Theta(x,y)\cdot g(\mid\nabla\widetilde{u}\mid^2)\mid\nabla d\mid^2$$
$$+(1-\Theta(x,y))\Psi(\mid\nabla d\mid^2))\mathrm{d}x\mathrm{d}y \tag{7.8}$$

7.3 欧拉方程及求解

为获得能量函数式(7.8)的极小化解，需要获得形如式(7.3)的欧拉－拉格朗日方程。该方程由数据项导数和平滑项导数两部分构成，本章将分别计算这两部分导数。为获得数据项的导数，需要对负规范互相关函数进行求导，为了简化推导过程，本章推导了标准规范互相关函数的导数，它们之间仅相差一个负号。

定理 7.1 规范互相关函数关于函数 $d(x,y)$ 的导数为

$$\frac{\langle \tau_d u',\widetilde{u}\rangle_{\varphi_{x_0}}}{\parallel \tau_d u\parallel_{\varphi_{x_0}}\parallel \widetilde{u}\parallel_{\varphi_{x_0}}}-\frac{\langle \tau_d u,\widetilde{u}\rangle_{\varphi_{x_0}}\langle \tau_d u',\tau_d u\rangle_{\varphi_{x_0}}}{\parallel \tau_d u\parallel_{\varphi_{x_0}}^3\parallel \widetilde{u}\parallel_{\varphi_{x_0}}} \tag{7.9}$$

证明

$$\frac{\partial}{\partial d}\left(\frac{\langle \tau_d u,\widetilde{u}\rangle_{\varphi_{x_0}}}{\parallel \tau_d u\parallel_{\varphi_{x_0}}\parallel \widetilde{u}\parallel_{\varphi_{x_0}}}\right)=\frac{\left(\parallel \tau_d u\parallel_{\varphi_{x_0}}\frac{\partial}{\partial d}(\langle \tau_d u,\widetilde{u}\rangle_{\varphi_{x_0}})-\langle \tau_d u,\widetilde{u}\rangle_{\varphi_{x_0}}\frac{\partial}{\partial d}(\parallel \tau_d u\parallel_{\varphi_{x_0}})\right)}{(\parallel \tau_d u\parallel_{\varphi_{x_0}})^2\parallel \widetilde{u}\parallel_{\varphi_{x_0}}}$$

$$=\frac{\frac{\partial}{\partial d}(\langle \tau_d u,\widetilde{u}\rangle_{\varphi_{x_0}})}{\parallel \tau_d u\parallel_{\varphi_{x_0}}\parallel \widetilde{u}\parallel_{\varphi_{x_0}}}-\frac{\langle \tau_d u,\widetilde{u}\rangle_{\varphi_{x_0}}\frac{\partial}{\partial d}(\parallel \tau_d u\parallel_{\varphi_{x_0}})}{(\parallel \tau_d u\parallel_{\varphi_{x_0}})^2\parallel \widetilde{u}\parallel_{\varphi_{x_0}}}$$

$$=\frac{\langle \tau_d u',\widetilde{u}\rangle_{\varphi_{x_0}}}{\parallel \tau_d u\parallel_{\varphi_{x_0}}\parallel \widetilde{u}\parallel_{\varphi_{x_0}}}-\frac{\langle \tau_d u,\widetilde{u}\rangle_{\varphi_{x_0}}\frac{\partial}{\partial d}(\sqrt{\langle \tau_d u,\tau_d u\rangle_{\varphi_{x_0}}})}{(\parallel \tau_d u\parallel_{\varphi_{x_0}})^2\parallel \widetilde{u}\parallel_{\varphi_{x_0}}}$$

$$=\frac{\langle \tau_d u',\widetilde{u}\rangle_{\varphi_{x_0}}}{\parallel \tau_d u\parallel_{\varphi_{x_0}}\parallel \widetilde{u}\parallel_{\varphi_{x_0}}}-\frac{\langle \tau_d u,\widetilde{u}\rangle_{\varphi_{x_0}}\langle \tau_d u,\tau_d u\rangle_{\varphi_{x_0}}^{-\frac{1}{2}}\langle \tau_d u',\tau_d u\rangle}{(\parallel \tau_d u\parallel_{\varphi_{x_0}})^2\parallel \widetilde{u}\parallel_{\varphi_{x_0}}}$$

$$=\frac{\langle \tau_d u',\widetilde{u}\rangle_{\varphi_{x_0}}}{\parallel \tau_d u\parallel_{\varphi_{x_0}}\parallel \widetilde{u}\parallel_{\varphi_{x_0}}}-\frac{\langle \tau_d u,\widetilde{u}\rangle_{\varphi_{x_0}}\langle \tau_d u',\tau_d u\rangle}{(\parallel \tau_d u\parallel_{\varphi_{x_0}})^3\parallel \widetilde{u}\parallel_{\varphi_{x_0}}}$$

由于平滑项的导数比较容易计算，因此本章在此直接给出此项，并没有给出详细的证明过程。

定理 7.2 能量函数的平滑项导数为

$$\frac{\mathrm{d}}{\mathrm{d}x}F_{d_x}+\frac{\mathrm{d}}{\mathrm{d}y}F_{d_y}=2(\Theta\cdot\mathrm{div}(g(\mid\nabla\widetilde{u}\mid^2)\nabla d)+(1-\Theta)\cdot\mathrm{div}(\Psi'(\mid\nabla d\mid^2)\nabla d))$$

$$\tag{7.10}$$

式中，Ψ' 的表达式为

$$\Psi'(s^2) = \dfrac{1}{\sqrt{1 + \dfrac{s^2}{\beta^2}}}$$

根据定理 7.1、7.2，相应的欧拉－拉格朗日方程可以表达为

$$\dfrac{\langle \tau_d u, \tilde{u} \rangle_{\varphi_{x_0}}}{\| \tau_d u \|_{\varphi_{x_0}}^3} \dfrac{\langle \tau_d u', \tau_d u \rangle_{\varphi_{x_0}}}{\| \tilde{u} \|_{\varphi_{x_0}}} - \dfrac{\langle \tau_d u', \tilde{u} \rangle_{\varphi_{x_0}}}{\| \tau_d u \|_{\varphi_{x_0}} \, \| \tilde{u} \|_{\varphi_{x_0}}}$$

$$-\alpha(\Theta \cdot \mathrm{div}(g(|\nabla \tilde{u}|^2)\,\nabla d)$$

$$+ (1-\Theta) \cdot \mathrm{div}(\Psi'(|\nabla d|^2)\,\nabla d)) = 0 \qquad (7.11)$$

　　求解能量函数式(7.8)，可以根据梯度信息采用非限制优化算法(如梯度下降法、牛顿法)进行迭代求解，但是这些方法具有收敛速度慢，易于陷入局部极小点等缺点，不适合求解立体匹配中的能量函数，为此本章采用了连续过松弛方法进行求解。首先让 $N(i)$ 表示像素点 i 的直接四邻域，D_i 表示离散数据项，使用差分代替微分，获得离散形式的欧拉－拉格朗日方程组：

$$D_i - \alpha\Big(\Theta_i \sum_{j \in N(i)} \dfrac{g_i + g_j}{2}(d_j - d_i) + (1 - \Theta_i) \sum_{j \in N(i)} \dfrac{\Psi'_i + \Psi'_j}{2}(d_j - d_i)\Big) = 0 \quad (7.12)$$

　　然后，通过求解离散化后的方程组获得该能量函数的极小化解。由于此方程组是一个超大稀疏线性方程组，因此不能采用直接求解法，本章采用了连续过松弛方法进行迭代求解，其迭代等式为

$$d_i^{k+1} = (1 - \omega)d_i^k + \dfrac{1}{\displaystyle\sum_{j \in N(i)} \Big(\Theta_i \dfrac{g_i + g_j}{2} + (1 - \Theta_i)\dfrac{\Psi'_i + \Psi'_j}{2}\Big)}$$

$$\times \Big(\sum_{j \in N^-(i)} \Big(\Theta_i \dfrac{g_i + g_j}{2} + (1 - \Theta_i)\dfrac{\Psi'_i + \Psi'_j}{2}\Big) d_j^{k+1}$$

$$+ \sum_{j \in N^+(i)} \Big(\Theta_i \dfrac{g_i + g_j}{2} + (1 - \Theta_i)\dfrac{\Psi'_i + \Psi'_j}{2}\Big) d_j^k - \dfrac{D_i}{\alpha} \Big) \qquad (7.13)$$

式中，$N^+(i)$、$N^-(i)$ 的表达式为

$$\begin{cases} N^-(i) = \{ j \in N(i) \,|\, j < i \} \\ N^+(i) = \{ j \in N(i) \,|\, j > i \} \end{cases}$$

7.4　实　验　分　析

　　为验证本章提出的亚像素级立体匹配方法的匹配精度，采用了 VC++6.0 编程，并在双核 2.2 GHz CPU，内存为 2 GB 的计算机上进行了测试，实验所采用的参数为 $\alpha = 0.3$，$\beta = 0.4$，$\sigma = 1$，$\omega = 0.5$。

7.4.1　立体像对制作

为了验证亚像素级匹配精度,需要带有亚像素偏移的立体像对。目前,立体测试平台提供的立体像对都是整数偏移的,因此,无法测试亚像素级匹配方法。为了验证该亚像素级匹配方法,本章利用函数模拟了带有亚像素偏移的立体像对,该立体像对水平方向和垂直方向分别由余弦函数构成,其图像函数的数学表达式为

$$I(u,v) = \left(\frac{1}{2} + \frac{1}{4} \left(\cos \left(\frac{\pi u^2}{R} \right) + \cos \left(\frac{\pi v^2}{R} \right) \right) \right) \times 255$$

式中,R 为一个规范常量,在本实验中 $R=1\,000$。

为了生成具有亚像素偏移的图像,本实验使用 $I\left(u - \frac{n}{20}, v - \frac{n}{20} \right)$ 生成了具有 $\frac{n}{20}$ 亚像素立体像对偏移的图像,其生成的亚像素立体像对偏移图像如图 7.1 所示,图 7.1(a)、(b)分别为参考图像和带有小数偏移的匹配图像。

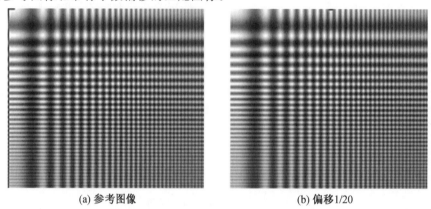

(a) 参考图像　　　　　　　　　　　　　(b) 偏移1/20

图 7.1　亚像素立体像对偏移图像

7.4.2　亚像素精度验证

本章随机选择了 5 个点,利用所提的亚像素级立体匹配方法计算了它们的亚像素级视差,并将实验结果与范大昭所提的基于相位相关的小基高比影像匹配方法(SMPC)和 Haller 等人所提的亚像素精度的立体视觉系统(SASVS)的实验结果进行了对比,其对比结果见表 7.1,其运行时间对比见表 7.2。通过实验对比发现,所提的亚像素级匹配方法具有较高的亚像素级匹配精度。 在匹配精度上,所提方法低于 SMPC 方法,但高于 SASVS 方法。范大昭等人所提方法由于采用了频域方法,该方法对噪声的鲁棒性较强,因此可以获得较高的匹配精度,但是该方法的匹配速度较慢。这是因为该方法在计算亚像素级视差时,首先要对相位解卷绕,此步骤占据了算法的大部分时间。Haller 等人所提方法利用空域插值方法对图像域进行插值,由于受插值精度的限制,该方法的精度也不高。本章提出的亚像素级匹配方法属于一种基于变分框架的全局匹配方法,在计算每一点的亚像素级视差时,充分考虑了其周围邻域像素对该匹配像素的影响,因此该方法可以获得较高精度的亚像素级视差。

表 7.1 亚像素实验对比结果

像素点	所提方法	SMPC	SASVS
(25,23)	0.097 1	0.031 7	0.021 1
(40,45)	0.015 1	0.012 0	0.141 5
(90,20)	0.076 4	0.032 7	0.137 5
(65,32)	0.021 8	0.017 4	0.321 6
(70,19)	0.098 2	0.021 8	0.112 5
平均误差	0.036 9	0.023 1	0.146 8

表 7.2 亚像素实验运行时间对比

方法	所提方法	SMPC	SASVS
运行时间 /s	4.29	130.74	43.86

利用所提的亚像素级匹配方法计算亚像素级视差时涉及了一些经验参数的设置,它们的选择会对匹配结果产生一定的影响,为此,本章分析了各参数变化对匹配结果产生的影响,如图 7.2 所示。

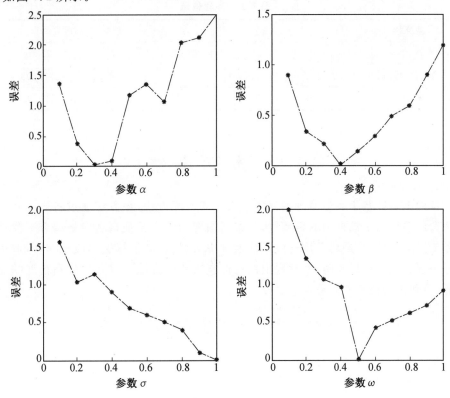

图 7.2 参数变化对匹配结果的影响

　　为了验证高程精度,本章使用了一幅带有真实高程信息的小基高比立体像对(图7.3(a)、(b)),该立体像对由5个带有真实高程信息的建筑物组成,其基高比为0.05,地面分辨率为$R=0.3$。所提方法生成的视差图如图7.3(c)、(d)所示,本章根据该视差图计算了场景中这5个建筑物的高程信息,计算结果见表7.3。实验结果表明所提的亚像素级立体匹配方法可以获得较高精度的高程信息。

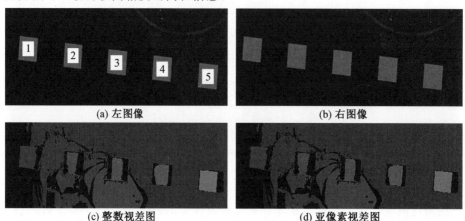

图7.3　Building 实验结果

表7.3　高程信息

建筑物	1	2	3	4	5
视差 /pixel	16.19	19.09	20.05	21.14	25.02
测量高程 /m	75.07	92.47	98.41	104.77	128.05
真实高程 /m	75.07	88.81	98.22	104.77	123.43

7.5　本章小结

　　本章提出一种基于变分原理的亚像素级立体匹配方法,该方法通过将规范互相关函数作为数据项增强了数据项的鲁棒性,再根据图像的纹理特征自适应地调节平滑项增加了视差传播的可靠性,最后采用连续过松弛方法求解,提高了算法的收敛速度,避免陷入局部极小解。实验结果表明,本章提出的亚像素级匹配方法可以获得较高精度的亚像素级视差,得到更为精确的高程信息。

第8章 基于最大似然估计的 小基高比立体匹配方法

8.1 概　　述

基于最大似然估计的小基高比立体匹配方法是建立在立体像对间仅存在几何畸变这一假设基础上的。在一般情况下形成的立体像对不能满足这一假设条件,即使是对小基高比立体像对而言,图像对中一些较高建筑物的视差也会违背这一假设。

为使这一假设成立,本章把匹配过程嵌入到了离散多尺度空间中。离散多尺度空间中各层级的视差随着尺度的增加而减小,层级间的视差满足 $d_k = d/2^k$,其中 d 为原始图像的视差。通过多尺度理论可以保证尺度空间中高层级的视差具有较小变化范围以满足假设条件,在匹配过程中利用上级尺度计算的视差来指导下级尺度匹配,使下级尺度也满足假设条件。基于最大似然估计的小基高比立体匹配方法的具体步骤如下。

(1) 为立体像对构建尺度空间,尺度空间的构建公式为

$$u_k(i,j) = \sum_{m=-w}^{w} \sum_{n=-w}^{w} w(m,n) u_{k-1}(2i+m,2j+n) \tag{8.1}$$

式中,$u_k(i,j)$ 表示 k 级尺度的图像函数;$w(m,n)$ 表示可分的、对称的低通滤波系数。

(2) 利用混合式窗口策略为当前尺度参考图像的每一点确定窗口的大小和形状。

(3) 计算视差搜索范围 $[d_{k,\min}, d_{k,\max}]$。

$$\begin{cases} d_{k,\min} = \begin{cases} 2d_{k+1}, & k=1,\cdots,m-1 \\ 0, & k=m \end{cases} \\ d_{k,\max} = d_{\max}/2^k, & k=1,\cdots,m \end{cases} \tag{8.2}$$

式中,k 表示尺度;m 表示最大尺度级别。

(4) 根据步骤(2)中确定的窗口大小和窗口形状,在相应的视差搜索范围内为匹配点计算匹配代价。

(5) 利用"胜者全取"策略(WTA),在视差搜索范围内为参考图像中的每一点计算最优视差。

(6) 在整数级视差的基础上,根据基于最大似然估计的亚像素级匹配方法获得亚像素级视差。

8.2 算法的关键步骤

8.2.1 基本原理

所提算法针对参考图像 $\tilde{u}$ 中的每一点 x_0，通过最大化参考图像 $\tilde{u}$ 和匹配图像 u 之间的规范互相关函数来计算对应点视差 $m(x_0)$，其计算公式为

$$m(x_0) = \arg \max_m \rho_{x_0}(m) \tag{8.3}$$

式中，函数 ρ_{x_0} 表示以 $x_0 \in \tilde{u}$ 为中心的参考窗口和以 $(x_0 + m) \in u$ 为中心的匹配窗口之间的规范化互相关系数，其数学表达式为

$$\rho_{x_0}(m) = \frac{\langle \tau_m u, \tilde{u} \rangle_{\varphi_{x_0}}}{\| \tau_m u \|_{\varphi_{x_0}} \| \tilde{u} \|_{\varphi_{x_0}}} \tag{8.4}$$

规范化互相关函数是测量支撑窗口之间相似性的度量函数，其中，窗口函数 φ 是一个正定的、平滑的、规范的、紧支撑函数。

8.2.2 混合式窗口

立体像对中的随机噪声影响视差的估计精度，在小基高比立体匹配中，因噪声而导致测量视差的误差可以近似为

$$N(\tilde{u}, g, \sigma_b, \varphi, x_0) = \frac{\sigma_b \| g \|_{L^2}}{\| \tilde{u} \|_{\varphi_{x_0}} \sqrt{\langle d_{x_0}^{\tilde{u}}, 1 \rangle_{\varphi_{x_0}}}} \tag{8.5}$$

式中，g 为高斯平滑函数；σ_b 为高斯噪声的标准差；$d_{x_0}^u$ 为相关曲率，其数学表达式为

$$d_{x_0}^u : x \to \frac{\| u \|_{\varphi_{x_0}}^2 u'^2(x) - \langle u, u' \rangle_{\varphi_{x_0}} u(x) u'(x)}{\| u \|_{\varphi_{x_0}}^4} \tag{8.6}$$

式(8.5)显示了相关性在参考图像中的有意义位置和更精确位置，而且通过此公式还可以确定参考图像中的每一点应该使用多大窗口可以获得期望的测量精度。式(8.5)表明了在噪声数量一定的情况下相关曲率越大，由噪声所引起的测量误差越小、匹配越可靠。

为待匹配点确定匹配窗口大小是在给定的窗口大小范围内通过最小化式(8.5)自适应地为参考图像中每一点选择相关窗口 φ。如果期望测量视差 $m(x_0)$ 能足够精确地近似真实视差 $\varepsilon(x_0)$，则要求选择尽可能小的匹配窗口，这样可以保证窗口内具有较小的视差变化范围，自适应窗口的计算公式可以表示为

$$W_{opt}(x_0) = \min \left\{ \varphi_{x_0} \left| \frac{\sigma_b \| g \|_{L^2}}{\| \tilde{u} \|_{\varphi_{x_0}} \sqrt{\langle d_{x_0}^{\tilde{u}}, 1 \rangle_{\varphi_{x_0}}}} < \lambda \right. \right\} \tag{8.7}$$

式中，λ 为匹配误差精度。

通过式(8.7)确定窗口大小，使得在纹理区域上选择尽可能小的窗口以确保窗口内具有较小视差变化，而在非纹理区域上选择尽可能大的窗口以保证窗口内包含足够的灰

度变化。

上述自适应窗口策略只改变窗口大小没有改变窗口形状,这可能使支撑窗口跨越物体边界而导致误匹配。为避免匹配过程中支撑窗口跨越物体边界问题,本章将自适应窗口策略与多窗口策略(图 8.1)相结合提出了混合式窗口策略。由当前匹配点在窗口中的相对位置确定 9 个不同形状的窗口 $\varphi_1,\varphi_2,\cdots,\varphi_9$。混合式窗口策略首先根据这 9 个不同形状的窗口分别使用窗口选择公式(8.6)计算满足这一不等式的最小窗口 φ_i 和其对应的误差值 N_i,然后在这些窗口中选择一个最小窗口 $\varphi_{\min}$,最后根据这个最小窗口 $\varphi_{\min}$ 选择一个具有最小 N_i 值的窗口 φ_i,混合式窗口策略的计算公式为

$$W_{\mathrm{opt}}(x_0)=\arg\ \min_{\varphi_i=\varphi_{\min}}N(\tilde{u},g,\sigma_{\mathrm{b}},\varphi,x_0) \tag{8.8}$$

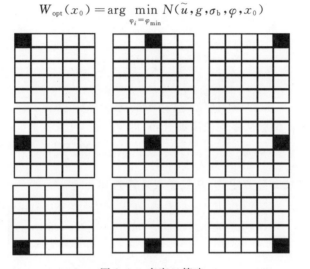

图 8.1　　多窗口策略

自适应窗口策略与多窗口策略相结合的混合式窗口策略增加了匹配窗口中心点的位置选择性,它可以有效地避免窗口跨越物体边界,很大程度上减少了物体边缘处的误匹配。

8.2.3　　亚像素匹配

在小基高比立体匹配中,深度、视差和基高比满足 $\mathrm{d}z=\mathrm{d}\varepsilon\ /(B/H)$,在视差精度给定的情况下,基高比越小,深度误差越大。因此,在小基高比立体匹配中要保证深度精度与大基高比立体匹配的深度精度相同,则需要小基高比立体匹配必须精确到 $1/m$ 亚像素精度,其中 m 为基高比倍数。为此,本章在小基高比匹配中引入亚像素匹配以补偿小基高比对深度精度的影响。

为获得亚像素级视差,本章提出一种基于最大似然估计的亚像素级匹配方法。该方法首先假设立体像对 u 和 $\tilde{u}$ 之间满足如下仿射变换:

$$\tilde{u}(x,y)=u(ax+by+c,y)+n(x,y) \tag{8.9}$$

然后,对式(8.1)进行线性化可得

$$\tilde{u}(x,y)=u(x,y)+xu_x\Delta a+yu_x\Delta b+u_x\Delta c+n(x,y) \tag{8.10}$$

通过对式(8.10)进行整理可得

$$\tilde{u}(x,y) - u(x,y) = xu_x\Delta a + yu_x\Delta b + u_x\Delta c + n(x,y) \tag{8.11}$$

为了抵抗噪声的影响,匹配过程中通常会选择一个以匹配点为中心的支撑窗口进行匹配,即假定窗口内的每一点都满足式(8.11),从而由这些公式形成一个线性方程组:

$$L - UB = N \tag{8.12}$$

式中,

$$B = (\Delta a, \Delta b, \Delta c)^{\mathrm{T}}$$

$$N = (n(x_1, y_1), \cdots, n(x_m, y_m))^{\mathrm{T}}$$

$$U = \begin{pmatrix} x_1 u_{x_1} & y_1 u_{x_1} & u_{x_1} \\ \vdots & \vdots & \vdots \\ x_m u_{x_m} & y_m u_{x_m} & u_{x_m} \end{pmatrix}_{m\times 3}$$

$$L = \begin{pmatrix} \tilde{u}(x_1, y_1) - u(x_1, y_1) \\ \vdots \\ \tilde{u}(x_m, y_m) - u(x_m, y_m) \end{pmatrix}_{m\times 1}$$

现假设噪声适量 N 服从零均值高斯分布,即

$$P(N) = \frac{1}{(2\pi)^{n/2} |\Sigma|^{1/2}} \exp(-\frac{N^{\mathrm{T}}\Sigma^{-1}N}{2}) \tag{8.13}$$

式中,Σ 表示噪声的协方差方矩阵,其数学表达式为

$$\Sigma = \begin{pmatrix} \mathrm{cov}(n_1, n_1) & \mathrm{cov}(n_1, n_2) & \cdots & \mathrm{cov}(n_1, n_m) \\ \mathrm{cov}(n_2, n_1) & \mathrm{cov}(n_2, n_2) & \cdots & \mathrm{cov}(n_2, n_m) \\ \vdots & \vdots & & \vdots \\ \mathrm{cov}(n_m, n_1) & \mathrm{cov}(n_m, n_2) & \cdots & \mathrm{cov}(n_m, n_m) \end{pmatrix} \tag{8.14}$$

式(8.14)是一个 $m \times m$ 维对称矩阵。为获得仿射参数,需对式(8.13)进行最大化处理,这相当于将 $N^{\mathrm{T}}\Sigma^{-1}N$ 关于仿射参数 B 求导,则

$$\begin{cases} \dfrac{\partial}{\partial B}[(L-UB)^{\mathrm{T}}\Sigma^{-1}(L-UB)] = 0 \\ \dfrac{\partial}{\partial B}[L^{\mathrm{T}}\Sigma^{-1}L - L^{\mathrm{T}}\Sigma^{-1}UB - B^{\mathrm{T}}U^{\mathrm{T}}\Sigma^{-1}L + B^{\mathrm{T}}U^{\mathrm{T}}\Sigma^{-1}UB] = 0 \\ -U^{\mathrm{T}}\Sigma^{-1}L + U^{\mathrm{T}}\Sigma^{-1}UB^* = 0 \\ B^* = (U^{\mathrm{T}}\Sigma^{-1}U)^{-1}U^{\mathrm{T}}\Sigma^{-1}L \end{cases} \tag{8.15}$$

现假定图像噪声协方差为恒定的、不相关的,有

$$\Sigma = \begin{pmatrix} \sigma^2 & 0 & \cdots & 0 \\ 0 & \sigma^2 & \cdots & 0 \\ \vdots & \vdots & & \vdots \\ 0 & 0 & \cdots & \sigma^2 \end{pmatrix} = \sigma^2 I \tag{8.16}$$

根据式(8.16),式(8.15)可以简化为

$$B^* = (U^{\mathrm{T}}\sigma^2 IU)^{-1}U^{\mathrm{T}}(\sigma^2 I)^{-1}L = \sigma^{-4}(U^{\mathrm{T}}U)^{-1}U^{\mathrm{T}}L \tag{8.17}$$

式中,σ^2 为图像噪声方差。

在计算过程中,σ 值可通过无偏渐进有效估计来进行计算,即

$$\sigma^2 = \frac{1}{m-3} \sum_{i=1}^{m} (\tilde{u}(x,y) - u(x+m,y))^2 \tag{8.18}$$

式中，m 为视差。

再根据式(8.17)求得仿射参数 Δa、Δb、Δc 来计算对应点的视差增量，则

$$\Delta x = x\Delta a + y\Delta b + \Delta c \tag{8.19}$$

最后通过迭代算法迭代计算视差增量直到 Δx 小于某一指定的阈值为止，具体算法如下。

(1) 根据在初始匹配阶段获得的整数级视差进行初始化 $\varepsilon_0(x,y) = m(x,y)$，$k=0$。

(2) 根据 $u_k(x,y) = u(x - \varepsilon_k(x,y), y)$ 计算匹配图像。

(3) 根据式(8.17)计算仿射转换参数 $\boldsymbol{B}$，然后根据式(8.19)计算视差增量 Δx。

(4) 计算 $\varepsilon_{k+1}(x,y) = \varepsilon_k(x,y) + \Delta x$。

(5) $k = k+1$，重复执行(2)～(4)直到 $k \leqslant k_{\max}$ 或者 $\Delta x < \alpha$。

8.3　实验分析

为验证算法的实际效果及性能，在 VC++6.0 的环境下使用 C++语言实现了所提算法，并在 CPU Pentium IV 2.2 GHz、内存为 2G、操作系统为 Windows XP 的环境下对 CNES 提供的航空摄影像对 Toulouse(图 8.2(a)、(b)) 应用所提算法进行了合理性验证。该立体像对是一幅航空影像图，基高比为 0.045，地面分辨率为 R＝0.5，视差范围为 [－2,2]。其获取时间间隔为 20 min，这导致立体像对中存在明显的运动和阴影移动，增加了视差估计的难度。

图 8.2(d) 显示了 Delon 等人所提方法(MARC 算法) 的实验结果，图 8.2(e) 显示了本章所提方法的实验结果。从实验结果对比可以看出，MARC 算法生成的视差图在物体边缘处趋于模糊，而且在背景处存在一些明显的误匹配，本章所提方法生成的视差图建筑物的各个主要组成部分都清晰地检测出来了，特别是建筑物四周只发生微小变化的部分也都被清晰地检测出来了，而且背景和物体边缘处的视差要明显优于 MARC 算法的实验结果。

为验证小基高比立体匹配的高程精度，其高程的计算公式为

$$h = \frac{R}{B/H}\delta$$

式中，δ 表示视差；B/H 表示基高比；R 表示地面分辨率。

本实验使用了一幅带有真实高程信息的小基高比立体像对(图 8.3(a)、(b))，该立体像对的基高比为 0.05，地面分辨率为 $R=0.2$。该方法获得的视差图如图 8.3(c) 所示，从视差图中可以看出场景中的各个建筑物都已被清晰地检测出来。

图 8.3(d)、(e) 是从图 8.3(a)～(c) 所示的立体像对和视差图中截取的部分场景和其对应的视差图。通过对这 8 个建筑物的测量高程进行比较显示了该方法具有较高的高程精度，其平均高程误差为 0.21 m。通过统计分析得出有 60.5% 的像素点优于 1/30 个像元；15.28% 的像素点像元差异精度在 1/15 与 1/30 之间；23.22% 的像素点像元差异

精度小于 1/15。

(a) 左图像　　　　　　　　　　　　(b) 右图像

(c) 真实视差图　　　　　　　(d) MARC算法的实验结果

(e) 本章所提方法的实验结果

图 8.2　实验 I 测试结果

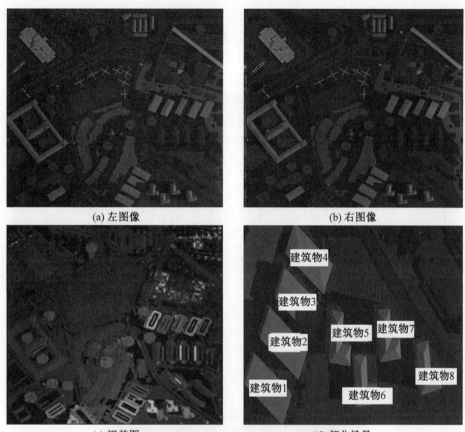

(a) 左图像　　　　　　　　　　(b) 右图像

(c) 视差图　　　　　　　　　　(d) 部分场景

(e) 部分视差图

图 8.3　实验 Ⅱ 测试结果

8.4　本章小结

　　本章提出一种基于最大似然估计的小基高比立体匹配方法,该方法通过提出一种混合式窗口策略减少了立体匹配中的"黏合"现象;然后提出一种基于最大似然估计的亚像素匹配方来获得亚像素视差以补偿小基高比给深度重建造成的误差。实验结果表明该方法不但有效地解决了小基高比中的"黏合"现象,而且还获得了较高精度的亚像素视差。

第9章　基于迭代指导滤波的立体匹配方法

9.1　基本理论

9.1.1　基于自适应权重的成本累积

Yoon等人提出一种基于自适应权重的立体匹配方法,该方法的匹配精度优于其他局部立体匹配方法,而且在纹理信息比较丰富的区域,其精度可以接近于全局立体匹配方法。该方法以左右立体像对为指导累积匹配成本,其基本思想是,在空间上与待匹配点接近的点应赋予较大的权重,这是因为空间相近的点可能属于同一对象,具有相同视差的概率较大;在色彩空间上与待匹配点接近的点同样要赋予较大的权重,这是因为色彩相似的点也可能属于同一对象,具有相同视差的概率同样较大。其权重计算公式为

$$w(p,q) = \exp\left(-\left(\frac{\Delta c_{pq}}{\gamma_c}\right) + \left(\frac{\Delta g_{pq}}{\gamma_p}\right)\right) \tag{9.1}$$

式中,Δc_{pq} 表示色彩空间中像素 p 和 q 之间的欧氏距离;Δg_{pq} 表示空间中像素 p 和 q 之间的欧氏距离;常数 γ_c 和 γ_p 分别表示色彩距离 Δc_{pq} 和空间距离 Δg_{pq} 的调整因子。

在成本累积步骤中,根据权重公式(9.1)对原始视差空间 $c(p,d)$ 进行累积,累积后的成本用 $C(p,d)$ 表示,其计算公式为

$$C(p,d) = \frac{\sum\limits_{q \in N_p} w(p,q)w(\bar{p}_d,\bar{q}_d)c(q,d)}{\sum\limits_{q \in N_p} w(p,q)w(\bar{p}_d,\bar{q}_d)} \tag{9.2}$$

式中,d 表示视差;$c(p,d)$ 表示参考图像中的像素点 p 与其目标图像中的对应点 $p+d$ 之间的原始匹配成本;$\bar{p}_d$ 表示像素点 p 的对应点,即 $\bar{p}_d = p + d$;$\bar{q}_d$ 表示像素点 q 的对应点,即 $\bar{q}_d = q + d$;N_p 表示以 p 点为中心的参考窗口。

为表达方便,式(9.2)可简写为

$$C(p,d) = \sum_{q \in N_p} \bar{w}(p,q)c(q,d) \tag{9.3}$$

式中,$\bar{w}(p,q) = \dfrac{w(p,q)w(\bar{p}_d,\bar{q}_d)}{\sum\limits_{q \in N_p} w(p,q)w(\bar{p}_d,\bar{q}_d)}$。

当式(9.3)的权重函数为恒定函数时,该公式退化为基于固定窗口的成本累积方法。

基于自适应权重的立体匹配方法虽然可以获得较高的匹配精度,但是成本累积阶段的复杂度较高,且与窗口大小成正比。为解决该方法复杂度较高的问题,Mattoccia 及 Li

等人对该方法进行了改进以提高其匹配速度,但是却降低了该方法的匹配精度。

9.1.2 基于指导滤波的成本累积

Hosni 等人利用 He Kaiming 提出的指导滤波设计一种基于指导滤波的立体匹配方法,该方法的匹配精度优于其他局部立体匹配方法。指导滤波的主要思想是,假设滤波输出 q 与指导图像 I 在局部范围内符合线性模型,其线性模型表达式为

$$q_i = a_k I_i + b_k, \quad \forall i \in N_k \tag{9.4}$$

式中,a_k、b_k 分别表示线性系数;N_k 表示以像素点 k 为中心的局部窗口。

现假定在局部窗口 N_k 内,滤波输入 p 和滤波输出 q 满足如下关系:

$$q_i = p_i - n_i \tag{9.5}$$

式中,n 表示高斯噪声。

由于局部窗口内的所有像素点都满足式(9.5),因此可以为每个局部窗口建立如下形式的成本函数:

$$E(a_k, b_k) = \sum_{i \in N_k} \left[(a_k I_i + b_k - p_i)^2 + \varepsilon a_k^2 \right] \tag{9.6}$$

式中,ε 表示规范常量。

为求解线性系数 a_k 和 b_k,利用最小二乘法对成本函数式(9.6)最小化得

$$\begin{cases} a_k = \dfrac{\dfrac{1}{|N|} \sum\limits_{i \in N_k} I_i p_i - \mu_k \bar{p}_k}{\sigma_k^2 + \varepsilon} \\ b_k = \bar{p}_k - a_k \mu_k \end{cases} \tag{9.7}$$

式中,μ_k 和 σ_k^2 分别表示指导图像 I 在局部窗口 N_k 内的均值及方差;$|N|$ 表示局部窗口 N_k 内的像素个数;$\bar{p}_k$ 表示滤波输入 p 在局部窗口 N_k 内的均值,其表达式为

$$\bar{p}_k = \frac{1}{|N|} \sum_{i \in N_k} p_i \tag{9.8}$$

如果将式(9.4)的线性模型应用到整幅图像,则每个像素点 i 获得 $|N|$ 个不同的滤波输出。这是因为在图像空间中,有 $|N|$ 个不同的局部窗口包含像素点 i,这些局部窗口将分别产生不同的滤波输出。为给每一像素点 i 确定唯一一个滤波输出值,比较简单有效的方式是对这些滤波输出求平均,由此可得

$$q_i = \frac{1}{|N|} \sum_{k:i \in N_k} a_k I_i + b_k \tag{9.9}$$

由于矩形支撑窗口具有对称性,则

$$\sum_{k:i \in N_k} a_k = \sum_{k \in N_i} a_k \tag{9.10}$$

因此,式(9.9)可以简化为

$$q_i = \bar{a}_i I_i + \bar{b}_i \tag{9.11}$$

式中,$\bar{a}_i = \dfrac{1}{|N|} \sum\limits_{k \in N_i} a_k, b_i = \dfrac{1}{|N|} \sum\limits_{k \in N_i} b_k$。

在基于指导滤波的立体匹配中,就是利用式(9.11)对原始匹配成本进行累积。在计

算累积成本时,其指导滤波的输入 p 为视差空间图中的每一视差 d 所对应的匹配成本 $c(:,d)$,即视差空间图按 d 维切割的二维数组,指导图像 I 为参考图像 I_L,像素点 i 的累积成本 $C(i,d)$ 可表示为

$$C(i,d) = \bar{a}_i I_i + \bar{b}_i \tag{9.12}$$

9.1.3　指导滤波分析

基于指导滤波的成本累积,本质上是属于一种基于自适应权重的成本累积。本章将给出证明方法,该方法仅对式(9.12)进行简单的代数操作,该证明方式给出一种更为直接的方式来表明式(9.12)是一种基于自适应权重的成本累积方法。

定理 9.1　式(9.12)是一种基于自适应权重的成本累积方法:

$$C(j,d) = \sum_{i \in N_k} W_{ij}(I) p_i \tag{9.13}$$

式中,$W_{ij}(I) = \dfrac{1}{|N|^2} \sum_{k:(i,j) \in N_k} \left(1 + \dfrac{(I_i - \mu_k)(I_j - \mu_k)}{(\sigma_k^2 + \varepsilon)}\right)$。

证明

首先把式(9.8)代入式(9.7)可得

$$
\begin{aligned}
a_k &= \frac{\frac{1}{|N|} \sum\limits_{i \in N_k} I_i p_i - \mu_k \bar{p}_k}{\sigma_k^2 + \varepsilon} = \frac{\frac{1}{|N|} \sum\limits_{i \in N_k} I_i p_i - \mu_k \frac{1}{|N|} \sum\limits_{i \in N_k} p_i}{\sigma_k^2 + \varepsilon} \\
&= \frac{\sum\limits_{i \in N_k} \left(\frac{1}{|N|} I_i p_i - \mu_k \frac{1}{|N|} p_i\right)}{\sigma_k^2 + \varepsilon} = \frac{\sum\limits_{i \in N_k} \left(\frac{1}{|N|} I_i - \mu_k \frac{1}{|N|}\right) p_i}{\sigma_k^2 + \varepsilon} \\
&= \frac{1}{|N|(\sigma_k^2 + \varepsilon)} \sum_{i \in N_k} (I_i - \mu_k) p_i
\end{aligned}
\tag{9.14}
$$

$$
\begin{aligned}
b_k &= \frac{1}{|N|} \sum_{i \in N_k} p_i - \frac{\mu_k}{|N|(\sigma_k^2 + \varepsilon)} \sum_{i \in N_k} (I_i - \mu_k) p_i \\
&= \sum_{i \in N_k} \left(\frac{1}{|N|} p_i - \frac{\mu_k}{|N|(\sigma_k^2 + \varepsilon)} (I_i - \mu_k) p_i\right) \\
&= \frac{1}{|N|} \sum_{i \in N_k} \left(1 - \frac{\mu_k}{(\sigma_k^2 + \varepsilon)} (I_i - \mu_k)\right) p_i
\end{aligned}
\tag{9.15}
$$

然后,将式(9.14)和式(9.15)代入下式:

$$q_j = a_k I_j + b_k, \quad \forall j \in N_k \tag{9.16}$$

对式(19.6)进行整理可得

$$
\begin{aligned}
q_j &= \frac{I_j}{|N|(\sigma_k^2 + \varepsilon)} \sum_{i \in N_k} (I_i - \mu_k) p_i \\
&\quad + \frac{1}{|N|} \sum_{i \in N_k} \left(1 - \frac{\mu_k}{(\sigma_k^2 + \varepsilon)} (I_i - \mu_k)\right) p_i \\
&= \frac{1}{|N|} \sum_{i \in N_k} \left(\frac{I_j}{(\sigma_k^2 + \varepsilon)} (I_i - \mu_k) + \left(1 - \frac{\mu_k}{(\sigma_k^2 + \varepsilon)} (I_i - \mu_k)\right)\right) p_i
\end{aligned}
$$

$$= \frac{1}{|N|} \sum_{i \in N_k} \left(1 + \frac{(I_i - \mu_k) I_j}{(\sigma_k^2 + \varepsilon)} - \frac{\mu_k (I_i - \mu_k)}{(\sigma_k^2 + \varepsilon)} \right) p_i$$

$$= \frac{1}{|N|} \sum_{i \in N_k} \left(1 + \frac{(I_i - \mu_k)(I_j - \mu_k)}{(\sigma_k^2 + \varepsilon)} - \right) p_i \tag{9.17}$$

又由于每个像素点 j 获得 $|N|$ 个不同的滤波输出,于是下式成立:

$$\overline{q}_j = \frac{1}{|N|} \sum_{k,j \in N_k} q_j$$

$$= \frac{1}{|N|} \sum_{k,j \in N_k} \left(\frac{1}{|N|} \sum_{i \in N_k} \left(1 + \frac{(I_i - \mu_k)(I_j - \mu_k)}{(\sigma_k^2 + \varepsilon)} \right) p_i \right)$$

$$= \sum_{i \in N_k} \left(\frac{1}{|N|^2} \sum_{k:(i,j) \in N_k} \left(1 + \frac{(I_i - \mu_k)(I_j - \mu_k)}{(\sigma_k^2 + \varepsilon)} \right) p_i \right) \tag{9.18}$$

令

$$W_{ij}(I) = \frac{1}{|N|^2} \sum_{k:(i,j) \in N_k} \left(1 + \frac{(I_i - \mu_k)(I_j - \mu_k)}{(\sigma_k^2 + \varepsilon)} \right)$$

可得

$$C(j,d) = \overline{q}_j = \sum_{i \in N_k} W_{ij}(I) p_i$$

上述的证明过程表明,指导滤波实际上是一种基于自适应权重的成本累积方法。基于自适应权重的成本累积方法一般都要求窗口内的权重和等于 1,即对权重进行规范化处理。指导滤波本身就是一种规范化滤波,不需要对其权重进行规范化。下面给出其证明。

定理 9.2 指导滤波式(9.13)是一种规范化滤波:

$$\sum_{i \in N_k} (W_{ij}(I)) = 1 \tag{9.19}$$

证明

$$\sum_{i \in N_k} (W_{ij}(I))$$

$$= \sum_{i \in N_k} \left(\frac{1}{|N|^2} \sum_{k:(i,j) \in N_k} \left(1 + \frac{(I_i - \mu_k)(I_j - \mu_k)}{(\sigma_k^2 + \varepsilon)} \right) \right)$$

$$= \frac{1}{|N|^2} \sum_{i \in N_k} \sum_{k:(i,j) \in N_k} \left(1 + \frac{(I_i - \mu_k)(I_j - \mu_k)}{(\sigma_k^2 + \varepsilon)} \right)$$

$$= \frac{1}{|N|^2} \left(\left(\sum_{i \in N_k} \sum_{k:(i,j) \in N_k} 1 \right) + \sum_{i \in N_k} \sum_{k:(i,j) \in N_k} \frac{(I_i - \mu_k)(I_j - \mu_k)}{(\sigma_k^2 + \varepsilon)} \right)$$

$$= \frac{1}{|N|^2} \left(\left(\sum_{i \in N_k} \sum_{k:(i,j) \in N_k} 1 \right) + \frac{1}{(\sigma_k^2 + \varepsilon)} \sum_{i \in N_k} \sum_{k:(i,j) \in N_k} (I_i - \mu_k)(I_j - \mu_k) \right)$$

$$= \frac{1}{|N|^2} \left(\left(\sum_{i \in N_k} \sum_{k:(i,j) \in N_k} 1 \right) + \frac{1}{(\sigma_k^2 + \varepsilon)} \sum_{i \in N_k} \sum_{k:(i,j) \in N_k} (I_i I_j - \mu_k I_i - \mu_k I_j + \mu_k^2) \right)$$

$$= \frac{1}{|N|^2} \left(\sum_{i \in N_k} \sum_{k:(i,j) \in N_k} 1 \right)$$

$$+ \frac{1}{(\sigma_k^2 + \varepsilon)} \frac{1}{|N|^2} \left(\sum_{i \in N_k} \sum_{k:(i,j) \in N_k} I_i I_j - \sum_{i \in N_k} \sum_{k:(i,j) \in N_k} \mu_k I_i - \sum_{i \in N_k} \sum_{k:(i,j) \in N_k} \mu_k I_j + \sum_{i \in N_k} \sum_{k:(i,j) \in N_k} \mu_k^2 \right)$$

$$= 1 + \frac{1}{(\sigma_k^2 + \varepsilon)} \Big(\frac{1}{|N|} I_j \sum_{k:(i,j) \in N_k} \mu_k - \frac{1}{|N|} \sum_{k:(i,j) \in N_k} \mu_k^2 - \frac{1}{|N|} I_j \sum_{k:(i,j) \in N_k} \mu_k + \frac{1}{|N|} \sum_{k:(i,j) \in N_k} \mu_k^2 \Big)$$
$$= 1$$

在这里给出了一种更为清晰的证明方式,表明指导滤波就是一种自适应权重滤波,而且是一种规范化的滤波。到目前为止,它是一种比较优秀的成本累积方法,可以较好地保存物体边缘,其匹配精度优于其他局部成本累积方法。

9.1.4 指导滤波扩展

与灰度图像相比,多波段彩色图像可以为指导滤波提供更加丰富的信息,获得更好的累积成本。因此,本章将指导滤波推广到 n 波段彩色图像。首先,假设指导图像 I 为多波段彩色图像,线性模型式(9.4)可以重新表达为

$$q_i = \mathbf{I}_i^{\mathrm{T}} \mathbf{a}_k + b_k, \quad \forall i \in N_k \tag{9.20}$$

式中,滤波输出 q_i 和参数 b_k 为标量;参数 $\mathbf{a}_k$ 为 $n \times 1$ 的列矢量;$\mathbf{I}_i$ 为 $n \times 1$ 的列矢量,表示像素 i 的各波段信息,$\mathbf{I}_i^{\mathrm{T}}$ 表示 $\mathbf{I}_i$ 的转置。

相应地,成本函数式(9.6)可变为

$$E(\mathbf{a}_k, b_k) = \sum_{i \in N_k} ((\mathbf{I}_i^{\mathrm{T}} \mathbf{a}_k + b_k - p_i)^2 + \varepsilon \mathbf{a}_k^{\mathrm{T}} \mathbf{a}_k) \tag{9.21}$$

然后,利用最小二乘法求解参数 $\mathbf{a}_k$ 和 b_k。为了利用最小二乘法求解参数 $\mathbf{a}_k$ 和 b_k,首先对式(9.21)关于 b_k 求偏导可得

$$\frac{\partial E(\mathbf{a}_k, b_k)}{\partial b_k} = \sum_{i \in N_k} 2(\mathbf{I}_i^{\mathrm{T}} \mathbf{a}_k + b_k - p_i)$$
$$= \sum_{i \in N_k} \mathbf{I}_i^{\mathrm{T}} \mathbf{a}_k + \sum_{i \in N_k} b_k - \sum_{i \in N_k} p_i$$
$$= \sum_{i \in N_k} \mathbf{I}_i^{\mathrm{T}} \mathbf{a}_k + b_k |N| - \sum_{i \in N_k} p_i$$

令 $\partial E(\mathbf{a}_k, b_k) / \partial b_k = 0$ 可得

$$b_k = \frac{1}{|N|} \Big(\sum_{i \in N_k} p_i - \sum_{i \in N_k} \mathbf{I}_i^{\mathrm{T}} \mathbf{a}_k \Big) = \bar{p}_k + \boldsymbol{\mu}_k^{\mathrm{T}} \mathbf{a}_k \tag{9.22}$$

式中,$\bar{p}_k$ 为滤波输入均值,$\bar{p}_k = \sum_{i \in N_k} p_i / N$;$\boldsymbol{\mu}_k$ 为一个 $n \times 1$ 均值矢量,$\boldsymbol{\mu}_k = \sum_{i \in N_k} \mathbf{I}_i / N$。同理根据矢量求导法则,对式(9.21)关于矢量 $\mathbf{a}_k$ 求偏导可得

$$\frac{\partial E(\mathbf{a}_k, b_k)}{\partial \mathbf{a}_k} = \sum_{i \in N_k} \Big(\frac{\partial (\mathbf{I}_i^{\mathrm{T}} \mathbf{a}_k + b_k - p_i)^2}{\partial \mathbf{a}_k} + \frac{\partial \varepsilon \mathbf{a}_k^{\mathrm{T}} \mathbf{a}_k}{\partial \mathbf{a}_k} \Big)$$
$$= 2 \times \Big(\Big(\sum_{i \in N_k} \mathbf{I}_i \mathbf{I}_i^{\mathrm{T}} \Big) \mathbf{a}_k + \Big(\sum_{i \in N_k} \mathbf{I}_i \Big) \Big(\frac{1}{|N|} \Big(\sum_{i \in N_k} p_i - \sum_{i \in N_k} \mathbf{I}_i^{\mathrm{T}} \mathbf{a}_k \Big) \Big)$$
$$- \Big(\sum_{i \in N_k} \mathbf{I}_i \Big) p_i + |N| \varepsilon \mathbf{a}_k \Big)$$
$$= 2 \times \Big(\Big[\sum_{i \in N_k} \mathbf{I}_i \mathbf{I}_i^{\mathrm{T}} - \frac{\sum_{i \in N_k} \mathbf{I}_i \times \sum_{i \in N_k} \mathbf{I}_i^{\mathrm{T}}}{|N|} + |N| \varepsilon \boldsymbol{U} \Big] \mathbf{a}_k$$

$$+ \frac{1}{|N|} \left(\sum_{i \in N_k} \boldsymbol{I}_i \times \sum_{i \in N_k} p_i \right) - \left(\sum_{i \in N_k} \boldsymbol{I}_i \right) p_i \right)$$

然后,令 $\partial E(\boldsymbol{a}_k, b_k) / \boldsymbol{a}_k = 0$ 可得

$$\boldsymbol{a}_k = \left[\sum_{i \in N_k} \boldsymbol{I}_i \boldsymbol{I}_i^{\mathrm{T}} - \frac{\sum_{i \in N_k} \boldsymbol{I}_i \times \sum_{i \in N_k} \boldsymbol{I}_i^{\mathrm{T}}}{|N|} + |N| \varepsilon \boldsymbol{U} \right]^{-1}$$

$$\times \left(\left(\sum_{i \in N_k} \boldsymbol{I}_i \right) p_i - \frac{1}{|N|} \left(\sum_{i \in N_k} \boldsymbol{I}_i \times \sum_{i \in N_k} p_i \right) \right)$$

$$= \left(\sum_{i \in N_k} \boldsymbol{I}_i \boldsymbol{I}_i^{\mathrm{T}} / |N| - \sum_{i \in N_k} \boldsymbol{I}_i \times \sum_{i \in N_k} \boldsymbol{I}_i^{\mathrm{T}} / |N|^2 + \varepsilon \boldsymbol{U} \right)^{-1}$$

$$\times \left(\frac{1}{|N|} \sum_{i \in N_k} \boldsymbol{I}_i p_i - \frac{1}{|N|^2} \left(\sum_{i \in N_k} \boldsymbol{I}_i \times \sum_{i \in N_k} p_i \right) \right)$$

$$= \left(\left(\sum_{i \in N_k} \boldsymbol{I}_i \boldsymbol{I}_i^{\mathrm{T}} / |N| - \boldsymbol{\mu}_k \boldsymbol{\mu}_k^{\mathrm{T}} + \varepsilon \boldsymbol{U} \right) \right)^{-1} \left(\frac{1}{|N|} \sum_{i \in N_k} \boldsymbol{I}_i p_i - \boldsymbol{\mu}_k \bar{p}_k \right)$$

$$= (\boldsymbol{\Sigma}_k + \varepsilon \boldsymbol{U})^{-1} \left(\frac{1}{|N|} \sum_{i \in N_k} \boldsymbol{I}_i p_i - \boldsymbol{\mu}_k \bar{p}_k \right)$$

$$\boldsymbol{a}_k = (\boldsymbol{\Sigma}_k + \varepsilon \boldsymbol{U})^{-1} \left(\frac{1}{|N|} \sum_{i \in N_k} \boldsymbol{I}_i p_i - \boldsymbol{\mu}_k \bar{p}_k \right) \tag{9.23}$$

式中,$\boldsymbol{\Sigma}_k$ 表示 $n \times n$ 协方差矩阵,$\boldsymbol{\Sigma}_k = \sum_{i \in N_k} \boldsymbol{I}_i \boldsymbol{I}_i^{\mathrm{T}} / |N| - \boldsymbol{\mu}_k \boldsymbol{\mu}_k^{\mathrm{T}}$。

最后,以多波段彩色图像为指导图像的滤波输出可表示为

$$q_i = \bar{a}_i \boldsymbol{I}_i + \bar{b}_i \tag{9.24}$$

式中,$\bar{a}_i = \frac{1}{|N|} \sum_{k \in N_i} \boldsymbol{a}_k$,$b_i = \frac{1}{|N|} \sum_{k \in N_i} b_k$。

9.2 算法实现及关键步骤

本章提出一种基于迭代指导滤波的立体匹配方法,该方法首先提出一种自适应窗口方法以解决局部立体匹配当中的边界膨胀问题,然后提出一种基于迭代指导滤波的成本累积方法以提高匹配成本对噪声的鲁棒性,确保匹配成本能准确地反映匹配约束。

9.2.1 自适应窗口

在此,本章首先分析指导滤波特点,然后结合立体匹配当中成本累积的要求,提出一种基于自适应窗口的指导滤波方法累积匹配成本。为了方便分析指导滤波的行为,本章假设指导图像 I 恒等于滤波输入 p。在这种情况下,式(9.7)中的 a_k 和 b_k 可简化为

$$\begin{cases} a_k = \dfrac{\sigma_k^2}{\sigma_k^2 + \varepsilon} \\ b_k = (1 - a_k) \mu_k \end{cases} \tag{9.25}$$

当 $\varepsilon > 0$ 时,分两种情况讨论,第一种情况是指导图像 I 在支撑窗口 N_k 内具有几乎恒定的灰度值,即 $\sigma_k^2 \ll \varepsilon$,此时 $a_k \approx 0$,$b_k \approx \mu_k$;第二种情况是指导图像 I 在支撑窗口 N_k 内具

有较大的灰度变化范围,即 $\sigma_k^2 \gg \varepsilon$,此时 $a_k \approx 1, b_k \approx 0$。如果像素位于平坦区域即第一种情况,则滤波输出为像素的平均值,该情况达到了成本累积效果;如果像素位于纹理丰富区域即第二种情况,则滤波输出没有改变,即成本累积值为原始匹配成本,这导致了成本累积失真。造成该问题的主要原因在于指导滤波采用的是固定窗口,在纹理丰富区域会导致窗口内的灰度变化较大,即 $\sigma_k^2 \gg \varepsilon$,进而造成累积成本失真。如果可以事先确定 σ_k^2 值使之在整幅图像上满足 $\sigma_k^2 \ll \varepsilon$,就可以解决该问题。为确保 σ_k^2 值在每个窗口内都恒定不变,只能让支撑窗口在每一点自适应地变化。为此,本章提出一种自适应窗口方法,以确保在每一像素点都满足 $\sigma_k^2 \ll \varepsilon$,自适应窗口公式为

$$\varphi(k) = \arg\ \min\left\{ N_k \ \middle|\ \sigma_k^2(N_k) = \frac{\sum\limits_{i \in N_k} I_i^2}{|N_k|} - \left[\frac{\sum\limits_{i \in N_k} I_i}{|N_k|}\right]^2 < \lambda \right\} \tag{9.26}$$

式中,$\varphi(k)$ 表示像素点 k 的最优支撑窗口大小;λ 表示预定义灰度变化阈值。

根据指导图像的灰度变化自适应地为每一待匹配点确定支撑窗口的大小,在弱纹理区域选择较大的支撑窗口,而在纹理区域选择较小的支撑窗口。

9.2.2 迭代指导滤波

本章利用计算视差图提供的先验信息,提出一种迭代指导滤波方法来增加立体匹配的准确率。该方法的主要思想是利用计算视差图修正匹配代价,然后利用指导滤波再次累积匹配成本,计算视差并反复迭代,直到达到给定的最大迭代次数为止。其匹配代价修正表达式为

$$c(p,d) = c(p,d) + \frac{|d(p) - d|}{D_{\max}} \tag{9.27}$$

式中,$D_{\max}$ 表示最大视差范围;$d(p)$ 表示像素点 p 的计算视差。

9.2.3 算法实现

基于迭代指导滤波的立体匹配方法,首先根据灰度信息及灰度梯度信息计算匹配成本,再根据指导图像的灰度变化选择支撑窗口,并通过指导滤波累积匹配成本,然后利用"胜者全取"策略计算视差,最后利用计算视差修正原始匹配成本并用指导滤波再次累积匹配成本计算视差,反复迭代此步直到达到指定的迭代次数为止。算法的主要步骤如下。

(1)计算原始匹配成本。

根据视差范围及左右图像的灰度信息及梯度信息计算原始匹配成本,构成一个三维视差空间图 $c(p,d)$,其计算公式为

$$c(p,d) = \alpha \cdot \min(\parallel I_\mathrm{L}(p) - I_\mathrm{R}(p-d) \parallel, \tau_1)$$
$$+ (1-\alpha) \cdot \min(\parallel \nabla_x I_\mathrm{L}(p) - \nabla_x I_\mathrm{R}(p-d)_i \parallel, \tau_2)$$

$$\tag{9.28}$$

式中,I_L 表示参考图像;I_R 表示匹配图像;$\alpha(<=1)$ 表示权重比;d 表示视差;$\nabla_x(\cdot)$ 表示函数在 x 方向的梯度变化;τ_1、τ_2 分别表示灰度和梯度截断阈值。

（2）根据式（9.26）为每一待匹配点确定支撑窗口大小。

（3）根据支撑窗口大小 $\varphi(k)$，利用指导滤波累积原始匹配成本。

（4）根据"胜者全取"方法计算视差为

$$d(p) = \arg \min_{0 \leqslant d \leqslant D_{\max}} C(p, d) \tag{9.29}$$

（5）根据式（9.27）修正原始匹配成本，然后转到步骤（3），直到达到给定的最大迭代次数为止。

9.3　实验结果与分析

9.3.1　实验环境

本实验利用 C++ 实现了所提立体匹配方法，配置为双核 2.60 GHz CPU，4 G 内存，64 位 Windows 7 操作系统。实验采用了 Middlebury 网站提供的 Tsukuba、Venus、Teddy 和 Cones 对所提方法进行了验证。

9.3.2　参数分析

所提立体匹配方法涉及了一些参数的选择，这些参数包括利用式（9.28）计算原始匹配成本的参数 τ_1、τ_2 及 α；利用式（9.26）确定窗口选择的参数 λ 以及迭代次数。这些参数在一定程度上会影响匹配精度，为了获得较高精度的匹配，该部分利用了 Middlebury 网站提供的 Tsukuba 图像对这些参数进行了分析，为所提方法选择一组最优参数值。

实验 1　首先给定一组参数 τ_1、τ_2、α 及迭代次数数值，然后通过改变窗口选择参数 λ 来分析它对匹配精度的影响。本组实验 τ_1、τ_2、α 及迭代次数分别为 0.027 5、0.078、0.1、10，其测试结果如图 9.1 所示。通过图 9.1 可以看出，$\lambda = 2.1$ 时，匹配效果最好。当 $\lambda \geqslant 2.5$ 时，匹配精度趋于收敛，这是因为当窗口选择参数 λ 大于该阈值时，自适应窗口策略退

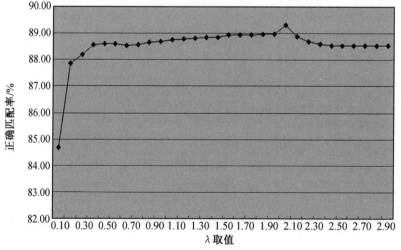

图 9.1　窗口选择参数 λ 分析

化为固定窗口。

实验 2　本实验分析权重参数 α 对匹配精度的影响。所提方法在计算原始匹配成本的同时考虑了灰度成本和梯度成本。通过权重参数 α 调整它们各自对原始匹配成本的贡献量，因此 α 的取值在 $[0,1]$ 范围之间。当 α 为 0 时，原始匹配成本仅由梯度成本构成；当 α 为 1 时，原始匹配成本仅由灰度成本构成。本组实验 τ_1、τ_2、λ 及迭代次数分别为 0.027 5、0.078、2.1、10，然后改变权重参数 α，观察对匹配精度的影响，其测试结果如图 9.2 所示。通过图 9.2 可以看出，当权重参数 α 为 0.2 时，匹配精度达到最优。当 α 逐渐接近于 1 时，梯度匹配成本所占比例不断降低，匹配精度也随之下降，这表明在原始匹配成本当中引入适量的梯度成本可以有利于提高匹配精度。

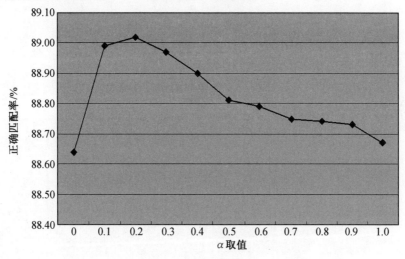

图 9.2　权重参数 α 分析

实验 3　本实验分析灰度截断阈值 τ_1 对匹配精度的影响。本组实验 τ_2、λ、迭代次数及 α 分别为 0.078、2.1、10、0.2，然后调整灰度截断阈值 τ_1 观察对匹配精度的影响，其测试结果如图 9.3 所示。通过图 9.3 可以看出，当 $\tau_1=0.35$ 时，匹配精度达到最优。通常在立体匹配中，假定同一场景点在不同像平面上的像点具有相似的灰度值。但是在实际中，因成像时物理环境差异导致某些对应点具有较大的灰度差，这使立体匹配方法误认为错误匹配。

实验 4　本实验分析梯度截断阈值 τ_2 对匹配精度的影响。本组实验 τ_1、λ、迭代次数及 α 分别为 0.35、2.1、10、0.2，然后调整梯度截断阈值 τ_2 观察对匹配精度的影响，其测试结果如图 9.4 所示。通过图 9.4 可以看出，当 $\tau_2=0.078$ 时，匹配精度达到最优。

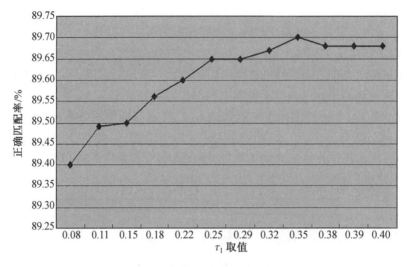

图 9.3　灰度截断阈值 τ_1 分析

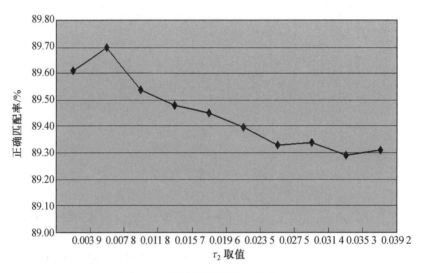

图 9.4　梯度截断阈值 τ_2 分析

实验 5　本实验分析迭代次数对匹配精度的影响。本组实验 τ_1、τ_2、λ 及 α 分别为 0.35、0.078、2.1、0.2，然后测试迭代次数对匹配的影响，其测试结果如图 9.5 所示。通过图 9.5 可以看出，所提方法只需迭代很少的次数就可以使匹配精度趋于收敛。在本实验中，该方法迭代 15 次使匹配精度收敛。

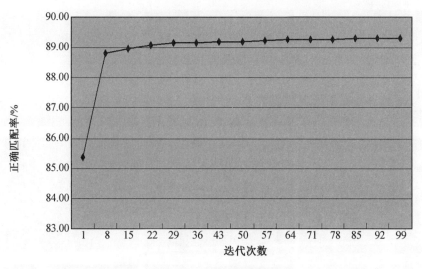

图 9.5　迭代次数分析

9.3.3　精度分析

本章利用 Middlebury 网站提供的 Tsukuba、Venus、Teddy 和 Cones 对所提立体匹配方法进行了评测,分别在非遮挡区域(nonocc)、不连续区域(disc) 和全部区域(all) 计算它们的坏点百分数,并与立体匹配方法 TSEM、RMCF、AGCP、FTF、TF 及 FCVT 进行对比。图 9.6 所示为所提方法的实验结果,从视觉角度上看,计算视差图非常接近于真实视差图,具有较好的匹配效果。表 9.1 所示为所提方法与其他立体匹配方法的对比结果。对于 Tsukuba 图像,所提方法在 nonocc、all 及 disc 这三个区域的排名分别为 1、2、1;对于 Venus 图像,所提方法在 nonocc、all 及 disc 这三个区域的排名分别为 3、3、1;对于 Teddy 图像,所提方法在 nonocc、all 及 disc 这三个区域的排名分别为 1、2、1;对于 Cones 图像,所提方法在 nonocc、all 及 disc 这三个区域的排名分别为 3、2、2。根据这些统计数据获得所提方法在 nonocc、all 及 disc 这三个区域的平均排名为 2、2、1。通过这一数据可以看出,所提方法在不连续区域的匹配效果最佳,这主要是本章提出的自适应窗口技术的结果。实验结果表明,所提方法具有较好的匹配性能,而且在不连续区域具有较强的鲁棒性。

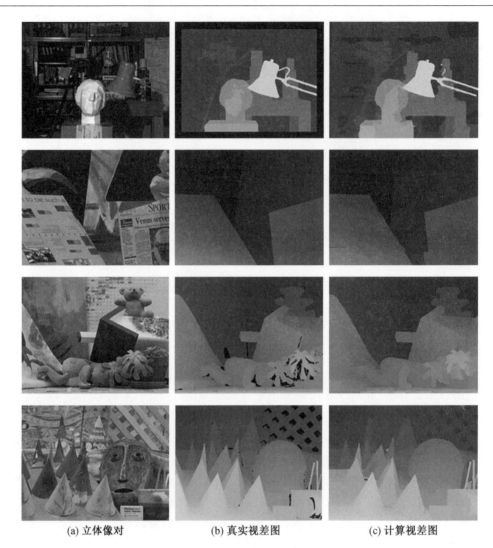

<table>
| (a) 立体像对 | (b) 真实视差图 | (c) 计算视差图 |
</table>

图 9.6　所提方法实验结果

表 9.1　所提方法与其他立体匹配方法的对比结果

方法	Tsukuba			Venus			Teddy			Cones		
	nonocc	all	disc	nonocc	all	disc	nonocc	all	disc	nonocc	all	disc
TSEM	0.86	1.13	4.65	0.11	0.24	1.47	5.61	8.09	13.80	1.67	6.16	4.97
所提方法	0.79	1.24	4.21	0.14	0.20	1.09	4.05	6.44	10.10	1.79	5.80	4.75
RMCF	1.11	1.70	4.43	0.13	0.27	1.18	4.20	6.31	11.10	2.73	7.83	8.01
AGCP	1.03	1.29	5.60	0.17	0.14	1.30	4.63	6.47	12.50	1.81	5.70	5.33
FTF	1.75	2.08	6.51	0.16	0.34	1.76	5.99	11.50	14.80	2.46	8.28	6.78
TF	1.68	2.33	7.36	0.59	1.15	5.45	6.81	14.10	15.90	3.84	12.20	10.60
FCVT	2.08	2.88	8.40	1.58	2.77	6.00	7.79	16.40	18.40	3.06	12.10	8.60

9.4　本章小结

　　本章提出一种基于迭代指导滤波的立体匹配方法。该方法首先提出一种自适应窗口方法,并结合指导滤波技术用于成本累积,有效提高了立体匹配方法在不连续区域的匹配精度,提高了该方法在不连续区域的鲁棒性;然后提出一种迭代指导滤波方法,根据计算视差逐步优化匹配成本,从而获得了较高精度的视差图。实验结果表明,所提立体匹配方法可以获得较好的匹配效果,且对于不连续区域具有较强的鲁棒性。

第 10 章 基于深度混合网络的立体匹配方法

10.1 概　　述

Scharstein 等人将立体匹配过程分为成本计算、成本累积、视差计算及视差求精四步。成本计算是立体匹配过程的第一步,其质量好坏直接影响立体匹配准确率。近几年,深度学习因其强大的特征表达能力,而被应用到立体匹配当中,用于计算匹配成本,以提高匹配成本对辐射差异、几何畸变的鲁棒性,提高匹配精度。LeCun 等人首先将深度学习应用到立体匹配当中,利用 Siamese 网络结构计算匹配成本,利用基于十字的成本累积方法累积匹配成本;其次通过半全局匹配方法计算视差;最后采用一些视差后处理方法进一步优化视差图。随后,Zagoruyko 等人扩展了 Siamese 网络结构,提出了三种网络结构,并将其应用到立体匹配当中计算匹配成本。Chen 等人提出一种深度嵌入模型,其结构类似于 Zagoruyko 的"中心环绕双流网络结构"。Luo 等人提出一种高效深度学习模型,该网络结构的特点在于左右分支网络输入的图像块大小不一致,其中右图像块大于左图像块且包含所有测试视差,最终输出是关于每个视差的匹配成本。在立体匹配当中利用深度学习计算匹配成本,已取得了较好的匹配效果,但由于这类方法将网络模型的深度与训练块大小关联在一起,在增加网络深度的同时训练块大小也需要随之增加,因此在训练块大小不变的情况下,无法增加网络深度,造成该类方法不能有效利用残差网络和稠密网络等优秀的深度网络结构。

为保持在训练块大小不变情况下,利用残差网络、稠密网络等网络结构增加网络深度,以提高匹配精度,本章提出一种基于深度混合网络的立体匹配方法,该方法首先通过深度混合网络计算匹配成本,然后利用十字成本累积方法累积匹配成本,利用半全局方法计算视差图,最后采用视差后处理方法进一步优化视差图。本章主要贡献在于,提出一种通用混合网络模型计算匹配成本。该模型优势在于可以方便整合任何深度网络;设计一种混合损失函数以提高网络性能;提出一种垂直分块法计算匹配成本以减少深度网络对 GPU 内存的消耗。

10.2 深度混合网络模型

10.2.1 基本模型

Bonyar 等人将深度学习应用到立体匹配四步当中的第一步成本计算,并获得了很好的匹配效果。该深度网络称为 Siamese 网络,由特征层和决策层两个部分构成。特征层由两个分支构成,每个分支具有相同的结构和权重,每个分支都接收一个图像块,然后经过一系列卷积层、ReLU 层和 Max－pooling 层,图像块每经过一个卷积层,其长、宽维度将会减少,最后每个分支获得一个一维特征向量,再将这两个特征向量连接起来送入决策层。决策层由线性全连接层和 ReLU 层构成,决策层最后输出一个标量值,该值为一个概率值,显示了左右图像块是否相似。一个由 4 层卷积网络构成的深度网络,其中卷积层的卷积核大小为 3×3,这导致该网络的输入图像块大小为 9×9。训练的图像块大小、卷积层个数与卷积核大小相关,在卷积核大小一定的情况下,卷积层越多,要求训练的图像块越大。该网络模型这一特点导致了卷积层深度受到了限制,如果加深网络深度,势必会导致训练图像块大小增加,进而导致网络过拟合。

10.2.2　残差模型

He 等人提出一种残差网络模型,并将其应用于图像识别当中取得了非常好的效果,也因此成为当下一种流行的网络模型,产生了很多扩展版本。该模型的基本思想是在网络模型中引入一种恒等跨越连接(identity shortcut connection),该连接一次性跨越几个网络层。一个残差块可以表示为 $H(X) = F(X) + X$,它是由两部分构成,一部分为残差 $F(X)$,另一部分为恒等映射 X。其中,残差部分一般由两个或者三个卷积层构成,而残差网络就是由这些残差块堆砌而成的。

Huang 等人进一步扩展了残差连接思想,提出一种稠密连接网络。稠密块内每个网络层彼此之间都存在着恒等连接,每个网络层的输入都是由其前面所有网络层的特征图构成,并且每个网络层的输出传递了其后面的每个网络层。为此,稠密块中第 l 层可以表示为 $X_l = H([X_0, X_1, \cdots, X_{l-1}])$,其中 X_l 表示第 l 层输出,$[X_0, X_1, \cdots, X_{l-1}]$ 表示特征图连接。深度网络就是由这些稠密块构成,稠密块之间由过渡层连接,过渡层主要由规范化层、1×1 卷积层和 Pooling 层构成。

10.2.3　混合深度模型

立体匹配方法首先为参考图像上每一像素点 p 计算一个匹配成本 $c(p, d)$,其中 d 表示视差,这些匹配成本构成一个三维视差空间图,然后进行成本累积、视差计算和视差求精等一系列步骤,最终获得视差图。匹配成本通常可以采用灰度差的绝对值、规范互相关函数等,本章将通过深度学习的方法计算匹配成本。目前利用深度学习计算匹配成本的方法将卷积层深度与训练图像块尺寸耦合在一起,如果通过增加网络深度以获得更精确的匹配成本,势必导致训练图像块尺寸增加,然而训练图像块尺寸的增加会导致网络模型过拟合,进而降低了匹配成本的准确性。

为解决这一问题,同时能使用更先进的网络模型计算立体匹配成本,本章提出一种混合深度模型。该模型主要特点是将特征层分成基础网络层和缩放层两部分。

基础网络层的主要目的是进行特征提取,这部分网络可以使用目前比较先进的网络模块,如残差网络、稠密网络等。图 10.1 所示为混合深度网络模型的整体结构。基础网络层的输入是一对图像块 Patch$^L(p)$ 和 Patch$^R(p-d)$,其尺寸大小为 9×9×1,基础网络层的输出是一个 9×9×356 的特征图,在这一层保持特征图空间维度不变,特征维度增加。

缩放层的主要目的是缩减特征图的空间维度,缩放层一共由四个卷积层构成,每个卷积层的滤波核大小为 3×3,这样特征图通过一个卷积层其空间维度就会减少 2。因此,当缩放层输入一个 $9\times9\times356$ 的特征图时,将输出一个 $1\times1\times356$ 的特征图。然后将左右图像块的特征图进行连接,形成大小为 712 的一维矢量,再将其输入决策层,其决策层的输出是一个概率值,表示左右图像块的相似度。

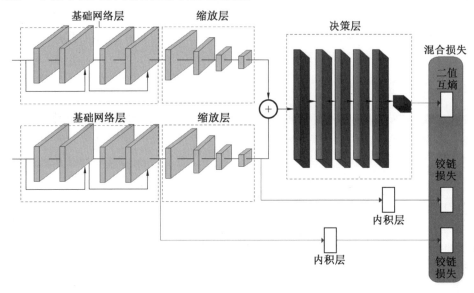

图 10.1　混合深度网络模型的整体结构

10.3　混　合　损　失

本章提出的混合网络模型由基础网络层、缩放层和决策层三部分组成,本章将结合这三部分输出设计一种混合损失函数。基础网络层和缩放层属于特征层,是由卷积和激活函数构成,其输出是一个多维张量,分别对基础网络和缩放层的两个分支输出进行扁平化处理使之变为一维矢量,然后在内积层计算其余弦相似性,即

$$s = \frac{\boldsymbol{u}_{\text{L}}^{\text{T}}\boldsymbol{u}_{\text{R}}}{\|\boldsymbol{u}_{\text{L}}\| \ \|\boldsymbol{u}_{\text{R}}\|} \tag{10.1}$$

式中,$\boldsymbol{u}_{\text{L}}$、$\boldsymbol{u}_{\text{R}}$ 表示特征层左右分支的输出。由于激活函数采用 ReLU,因此网络输出大于 0,进而内积层的输出范围为 $[0,1]$。对这两部分输出,采用了铰链(Hinge)损失,即

$$\text{loss}_1 = \max(0, m + s_-^1 - s_+^1) + \max(0, m + s_-^2 - s_+^2) \tag{10.2}$$

式中,s_+^1、s_-^1 分别表示基础网络层的正、负样例输出;s_+^2、s_-^2 分别表示缩放层的正、负样例输出;m 表示常量,在网络训练时,m 设置为 0.2。

对于决策层的输出,采用了互熵损失,即

$$\text{loss}_2 = -(\log(v_-) + \log(1 - v_+)) \tag{10.3}$$

式中,v_+、v_- 分别表示决策层的正、负样例输出。

最后,混合网络模型的总损失为

$$\text{loss} = \theta \text{loss}_1 + (1 - \theta)\, \text{loss}_2 \tag{10.4}$$

式中，θ 表示常数，在网络训练时，该值设置为 0.3。

10.4　垂直分块法

深度网络在训练阶段一共有三个输出，一个是决策层的输出，另外两个是内积层的输出，但在预测阶段仅使用决策层的输出作为匹配成本，有

$$C_{\text{CNN}}(p, d) = -\text{network}(\text{Patch}^{\text{L}}(p), \text{Patch}^{\text{R}}(p - d)) \tag{10.5}$$

式中，$\text{Patch}^{\text{L}}(\bullet)$ 表示左图像块；$\text{Patch}^{\text{R}}(\bullet)$ 表示右图像块；$\text{network}(\bullet)$ 表示决策层的网络输出。

为利用深度网络计算原始视差空间图，需要对每个像素位置和视差所对应的左右图像块进行一次计算。这样计算的优势是可以减少 GPU 内存的消耗，但是极大地增加了运行时间。另一种方式采用整图像输入方式计算匹配成本，这种方式仅为左右图像计算一次特征图，因此可以大大提高计算效率，但是这种方式要求 GPU 的内存足够大。

为了能让混合深度网络在有限的 GPU 内存下采用整图像输入方式计算匹配成本，提出了一种垂直分块方式计算匹配成本。该方法的主要思想是将左右图像 $I_{\text{L}}(p)$ 和 $I_{\text{R}}(p)$ 按垂直方向分割成若干块，即

$$\begin{cases} \text{leftPatch} = \{I_{\text{L}}^i(p) \,|\, p_y \geqslant i, p_y < (i+1)K\} \\ \text{rightPatch} = \{I_{\text{R}}^i(p) \,|\, p_y \geqslant i, \ p_y < (i+1)K\} \end{cases} \tag{10.6}$$

式中，i 表示分块序号；p_y 表示像素点 p 的纵坐标；K 表示分块高度。然后利用深度混合网络为每一对垂直分块计算视差空间图，即

$$C_{\text{CNN}}(p, d) = -\text{network}(I_{\text{L}}^i(p), I_{\text{R}}^i(p - d)) \tag{10.7}$$

式中，$I_{\text{L}}^i(\bullet)$ 表示左图像第 i 个分块；$I_{\text{R}}^i(\bullet)$ 表示右图像第 i 个分块。

最后将这些子视差空间图 $C_{\text{CNN}}^i(p, d)$ 在垂直方向上进行拼接构成完整的视差空间图 $C_{\text{CNN}}(p, d)$。

10.5　视差计算

深度网络的输出是一个初始的三维视差空间图 $C_{\text{CNN}}(p, d)$。为了能够获得更加精确的视差图，还需要进行成本累积、视差计算及视差后处理等步骤。在成本累积阶段，采用了基于十字的成本累积方法；在视差计算阶段，采用了半全局匹配方法；最后采用了一系列视差后处理方法，如左右一致性检查、亚像素加强、中值滤波和双边滤波。

10.5.1　基于十字的成本累积

基于十字的成本累积方法首先为每个像素点构造一个十字形手臂，然后利用每个像素点的十字形手臂定义支撑区域。像素点 p 的左臂可以定义为

$$\text{left}(p) = \{q \,|\, \| I(q) - I(p) \| < \alpha, \ \| p - q \| < \beta\} \tag{10.8}$$

式中，$I(\bullet)$ 表示像素点的灰度值；α 表示预定义阈值；β 表示预定义的距离阈值。

式(10.8)表示以像素点 p 为起点,在满足灰度和距离约束下连续向左扩展。像素点 p 的 $\mathrm{right}(p)$、$\mathrm{top}(p)$ 和 $\mathrm{bottom}(p)$ 也使用同样的方式进行构建。当手臂构建完成之后,支撑区域可以定义为

$$\mathrm{support}(p) = \{\mathrm{left}(q) \bigcup \mathrm{right}(q) \,|\, q \in \mathrm{top}(p) \bigcup \mathrm{bottom}(p)\} \tag{10.9}$$

然后,成本累积在支撑区域 $\mathrm{support}(p)$ 上进行计算:

$$C_{\mathrm{CBCA}}(p,d) = \frac{1}{|\mathrm{support}(p)|} \sum_{q \in \mathrm{support}(p)} C_{\mathrm{CNN}}(q,d) \tag{10.10}$$

式中,$C_{\mathrm{CNN}}(\cdot,\cdot)$ 表示初始匹配成本。

10.5.2 半全局匹配

视差计算通常分为局部优化方法和全局优化方法。全局优化方法一般具有较高的匹配精度,这类方法主要包括动态规划、置信传播及图切优化等方法。这类方法把立体匹配问题转化为能量函数最小化问题:

$$E(D) = \sum_{p} C(p,d) + \sum_{q \in N(p)} P_1 \big[\, |d - D_q| = 1 \,\big]$$
$$+ \sum_{q \in N(p)} P_2 \big[\, |d - D_q| > 1 \,\big] \tag{10.11}$$

式中,D 表示视差图;$N(p)$ 表示像素 p 的邻域;P_1 和 P_2 表示恒定惩罚项;D_q 表示 q 点视差。

半全局方法通过在多个方向上执行动态规划来近似求解能量函数:

$$C_r(p,d) = C_{\mathrm{CBCA}}(p,d)$$
$$+ \min(C_r(p-r,d), C_r(p-r,d \pm 1) + P_1, \min_{k} C_r(p-r,k) + P_2)$$
$$- \min_{k} C_r(p-r,k) \tag{10.12}$$

式中,r 表示方向;$C_r(p,d)$ 表示 r 方向上的视差空间图。

最终的匹配成本是所有方向上的匹配成本之和,即

$$C_{\mathrm{SGM}}(p,d) = \sum_{r} C_r(p,d) \tag{10.13}$$

然后,视差采用"胜者全取"方法进行计算:

$$D(p) = \arg \min_{d} C_{\mathrm{SGM}}(p,d) \tag{10.14}$$

10.5.3 视差后处理

为提高立体匹配精度,采用了左右一致性检查、亚像素加强、中值滤波和双边滤波等视差后处理方法。视差图中不可避免地存在一些错误视差,这些错误视差可能由非纹理区和遮挡造成。这些错误视差可以通过左右视差图一致性进行检测,对于图像上每一个像素点 p,可通过如下规则进行标记:

$$\begin{cases} \text{正确匹配} & |d - D^{\mathrm{R}}(p-d)| \leqslant 1, \quad d = D^{\mathrm{L}}(p) \\ \text{错误匹配} & |d - D^{\mathrm{R}}(p-d)| \leqslant 1, \quad d \neq D^{\mathrm{L}}(p) \\ \text{遮挡}, & \text{否则} \end{cases} \tag{10.15}$$

式中,$D^{\mathrm{L}}(p)$ 表示左视差图;$D^{\mathrm{R}}(p)$ 表示右视差图。

对于遮挡使用背景视差进行填充,对于错误匹配使用邻域内正确的视差进行填充。

在整数级视差的基础上进行亚像素求精可以进一步增加匹配精度,所提方法采用了在成本域上进行二次曲线拟合的亚像素求精方法,该方法利用最优匹配成本及其左右相邻的匹配成本进行拟合获得亚像素级视差为

$$D_{SE} = d - \frac{C_+ - C_-}{2(C_+ - 2C + C_-)} \tag{10.16}$$

式中,$C_- = C_{SGM}(p, d-1)$,$C_+ = C_{SGM}(p, d+1)$,$C = C_{SGM}(p, d)$。

立体匹配最后一步使用了 5×5 的中值滤波和双边滤波:

$$D_{BF}(p) = \frac{1}{W(p)} \cdot \sum_{q \in N_p} D_{SE}(p) \cdot g(\| p-q \|) \cdot 1\{I^L(p) - I^L(q) < \gamma\} \tag{10.17}$$

式中,$g(\cdot)$ 表示高斯函数;γ 表示恒定阈值;$W(p)$ 表示规范常量,表达式为

$$W(p) = \sum_{q \in N_p} g(\| p-q \|) \cdot 1\{I^L(p) - I^L(q) < \gamma\}$$

10.6　实　验　分　析

本实验采用了 LUA 语言和 Torch7 深度学习框架实现了基于深度混合网络的立体匹配方法,并在 GeForce GTX1080Ti GPU 上训练了混合深度网络。实验采用的参数设置为 $\alpha = 4$,$\beta = 0.00442$,$P_1 = 1$,$P_2 = 32$,$\gamma = 5$。实验数据集采用了 KITTI 立体数据集,该数据集存在两个版本,分别是 KITTI 2012 和 KITTI 2015。 KITTI 2012 立体数据集含有 194 个训练图像和 195 个测试图像,KITTI 2015 立体数据集含有 200 个训练图像和 200 个测试图像。训练数据集构成方式根据 Xu 及肖进胜等人的方法进行构建。训练数据集由正、负两类样本构成,正样本是根据真实视差图在左、右图像中选择匹配的图像块,负样本则选择不匹配的图像块,正、负样本数据量相同,这样可以避免样本数据不均衡导致精度降低。

10.6.1　训练策略

训练策略的选择对深度学习至关重要,好的训练策略可以加速收敛,提高精度。为此,优化器选择了 SGD 算法,其冲量设置为 0.9。学习率调整方法选择 OneCycleLR,初始学习率设置为 0.003,退火策略选择了余弦方式。学习率变化曲线如图 10.2 所示。一共训练了 14 个周期,初始学习率为 0.003,然后按照余弦方式减少学习率,最小学习率为 0.00007。

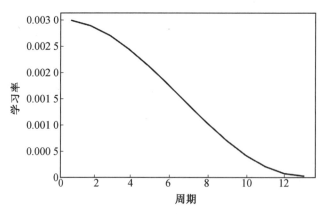

图 10.2　学习率变化曲线

10.6.2　分类精度分析

　　利用深度学习计算匹配成本,本质上是一个二值分类问题,分类精度越高,匹配成本越准确,立体匹配精度就越高。实验把训练数据的 80% 用作训练数据,20% 用作验证数据,分析了本模型的分类精度。分类精度对比如图 10.3(a) 所示,通过对比可以看出,所提方法的验证精度随着训练 epoch 的增加,稳步上升,最高分类精度为 95.40%。ŽBONTAR 等人所提出的基于卷积神经网络的立体匹配成本计算方法(MC - CNN) 的分类精度随着 epoch 的增加,出现小幅跌宕,该方法的最高分类精度为 94.25%,所提的深度模型在分类精度上比 MC - CNN 方法高 1.15%。还对比了训练损失和验证损失,图 10.3(b) 所示为训练损失对比,通过训练损失对比可以看出,所提方法具有更低的损失,

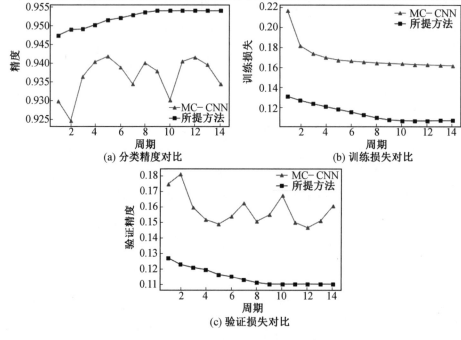

图 10.3　分类精度与损失对比图

更好的收敛效果;图 10.3(c) 所示为验证损失对比,所提方法的验证损失随着 epoch 的增加,逐步下降,且损失要低于 MC－CNN 方法,证明所提出的网络模型要优于 MC－CNN 模型。

10.6.3　匹配精度分析

本章实现了两个版本的混合网络,第一个版本的混合网络称为 Hybrid＋DenseNet,在该混合网络中,基础网络层选择了稠密连接网络,缩放层选择了 4 个卷积层,这样要求图像训练块的大小为 9×9,决策层选择了 4 个全连接层。在基础网络层,实现了不同深度的稠密网络,并以 KITTI 2012 数据集为基准,从中抽取 40 副立体像对计算其 3 个像素平均误差百分数,并与 ŽBONTAR 等人所提出的基于卷积神经网络的立体匹配成本计算方法(MC－CNN) 进行了对比,实验结果见表 10.1。从实验结果可以看出,随着稠密网络层的增加,匹配误差也随之增加,在稠密层选择 10 层时效果比较好,匹配误差为 2.57%,其效果优于 MC－CNN 方法,算法总体运行时间略有增加。

表 10.1　Hybrid＋DenseNet 实验结果

方法	误差 %	时间 /s
Hybrid＋DenseNet＋10	2.57	57.13
Hybrid＋DenseNet＋15	2.57	64.67
Hybrid＋DenseNet＋20	2.60	70.71
MC－CNN	2.61	36.98

第二个版本的混合网络称为 Hybrid＋ResNet,在该混合网络中,基础网络层是由残差网络构成,缩放层选择了 4 个卷积层,决策层选择了 4 个全连接层。在这个模型中,对比了不同数量的残差块和不同卷积核个数对混合网络性能的影响,实验结果见表 10.2。在本组实验中,基础网络分别选择了 2、3、4 个残差块,在参数列给出了每个残差块的卷积核数。在 2 个残差块,每个残差块有 64 个卷积核的情况下,其验证误差为 2.56%,优于第一个版本的混合网络。在 2 个参数块的情况下,随着卷积核数目的增加,其误差在下降,执行时间略有增加,当卷积核数增加到 356 时,效果最好的误差百分数为 2.48%,然而当卷积核数再增加时,其误差百分数开始上升。然后增加了残差块,发现随着残差块的增加,性能出现了下降。

表 10.2　Hybrid＋ResNet 实验结果

方法	参数	误差 %	时间 /s
Hybrid＋ResNet＋2	64,64	2.56	35.07
Hybrid＋ResNet＋2	256,256	2.53	37.11
Hybrid＋ResNet＋2	356,356	2.48	40.78
Hybrid＋ResNet＋2	500,500	2.56	45.34
Hybrid＋ResNet＋3	32,64,128	2.55	56.46

续表 10.2

方法	参数	误差 %	时间 /s
Hybrid + ResNet + 3	128,128,128	2.52	58.09
Hybrid + ResNet + 3	200,200,200	2.52	59.37
Hybrid + ResNet + 4	32,64,128,256	2.59	50.37

图 10.4 所示为 MC—CNN 和混合网络的计算视差图,图中第一行所示为左图像和真实视差图;第二行所示为 MC—CNN 的计算视差图和误差图,其中绿色为正确的视差,红色为错误的视差,该视差图 3 像素误差百分数为 1.93%;第三行所示为混合网络 Hybrid +DenseNet 的计算视差图和误差图,其 3 像素误差百分数为 1.62%;第四行所示为 Hybrid + ResNet 的计算视差图和误差图,其 3 像素的误差百分数为 1.59%。通过视差图可以观测到,混合网络计算的视差图在红色方块区域和汽车边缘的误差都有了明显的改善。

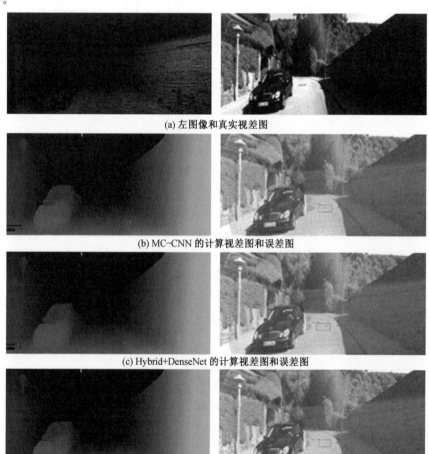

(a) 左图像和真实视差图

(b) MC-CNN 的计算视差图和误差图

(c) Hybrid+DenseNet 的计算视差图和误差图

(d) Hybrid+ResNet 的计算视差图和误差图

图 10.4　MC—CNN 和混合网络的计算视差图(彩图见附录)

10.6.4　实验结果对比

为验证基于深度混合网络的立体匹配方法的有效性,本章首先使用 KITTI 2012 数据集与其他同类方法进行对比,如 MC－CNN 方法,Shaked 等人所提的 CHNRCL 方法,肖进胜等人所提的 BSVSA－CNN 方法,Luo 等人所提的 SMC－DVCEM 方法和 Chen 所提的 SM－EDL 方法。评价指标采用 40 副立体像对的 3 像素平均误差百分数,对比结果见表 10.3。通过对比结果可以看出,所提的基于深度混合网络的立体匹配方法具有一定的竞争力。在 KITTI 2012 数据集中,所提方法的 3 像素误差百分数低于同类方法。图 10.5 所示为 KITTI 2012 视差图对比,图中为误差百分数较低的前三个方法的计算视差图,第一行所示为左图像和真实视差图,第二行所示为所提方法的计算视差图和误差图,其误差百分数为 2.41%;第三行所示为 CHNRCL 方法的计算视差图和误差图,其误差百分数为 3.56%;第四行所示为 MC－CNN 方法的计算视差图和误差图,其误差百分数为 5.90%。从误差图中可观察出,所提方法在第 1 辆汽车和第 3 辆汽车处的误差像素点得到了明显改善。

表 10.3　KITTI 2012 数据集对比结果

方法	误差 %	时间 /s
所提方法	2.48	40.78
CHNRCL	2.49	47.35
MC－CNN	2.61	36.98
BSVSA－CNN	2.61	38.98
SMC－DVCEM	2.82	2.54
SM－EDL	3.10	3.32

本组实验采用了 KITTI 2015 数据集,并与其他同类方法进行了对比,对比结果见表 10.4。 在 KITTI 2015 的数据集上所提方法的 40 副立体像对 3 像素平均误差百分数为 3.15%,低于同类方法,具有较好的匹配效果。图 10.6 所示为 KITTI 2015 视差图对比,图中为前三个方法的计算视差图,第一行所示为左图像和真实视差图,第二行所示为所提方法的计算视差图和误差图,其 3 像素的误差百分数为 0.98%;第三行所示为 CHNRCL 方法的计算视差图和误差图,其 3 像素误差百分数为 1.05%;第四行所示为 MC－CNN 方法的计算视差图和误差图,其 3 像素误差百分数为 1.10%。从误差图中可以看出,所提方法在物体边缘、地面阴影部分和汽车旁边的阴影部分都可以获得准确的视差,证明基于深度学习的匹配成本具有较强的鲁棒性,优于传统的成本计算方法。

(a) 左图像和真实视差图

(b) 所提方法的计算视差图和误差图

(c) CHNRCL方法的计算视差图和误差图

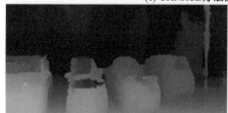

(d) MC—CNN方法的计算视差图和误差图

图 10.5　KITTI 2012 视差图对比(彩图见附录)

表 10.4　KITTI 2015 数据集对比结果

方法	误差 %	时间 /s
所提方法	3.15	42.39
CHNRCL	3.20	47.35
MC — CNN	3.25	37.18
BSVSA — CNN	3.25	40.01
SMC — DVCEM	3.74	2.12
SM — EDL	5.04	0.98

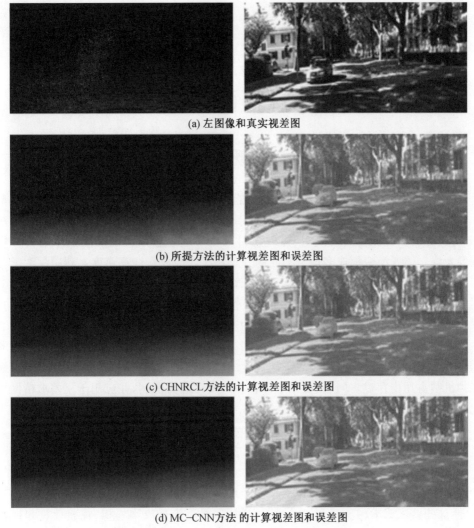

(a) 左图像和真实视差图

(b) 所提方法的计算视差图和误差图

(c) CHNRCL方法的计算视差图和误差图

(d) MC-CNN方法 的计算视差图和误差图

图 10.6　KITTI 2015 视差图对比(彩图见附录)

10.7　本 章 小 结

本章提出了一种基于深度混合网络的立体匹配方法,该方法可以把目前先进的网络结构结合到本网络模型中,然后通过垂直分块方法解决 GPU 内存限制问题,进一步通过混合损失提高网络性能。该方法在 KITTI 2012 和 KITTI 2015 数据集上进行训练,并在该数据集上使用验证误差与同类方法进行了对比,对比结果表明该方法具有较好的性能,在 KITTI 2012 数据集上误差率为 2.48%,在 KITTI 2015 数据集上误差率为 3.15%,在运行时间和精度上都位于同类方法前列。

第11章 基于多尺度注意力网络的立体匹配方法

11.1 概　　述

近几年,深度学习因其强大的特征表达能力,被应用到立体匹配领域用以提高匹配精度。LeCun 等人首先利用深度学习计算匹配成本,其匹配精度优于传统立体匹配方法。Chen 等人提出一种深度嵌入模型,该模型引入多尺度思想以提高匹配成本的鲁棒性。Luo 等人将立体匹配建模成多值分类问题并加速了匹配成本计算速度。利用深度学习计算匹配成本这类方法将网络模型的深度与训练块大小关联在一起,在训练块大小不变的情况下,无法增加网络深度,导致该类方法不能有效利用残差网络和稠密网络等结构,而且采用传统视差求精过程会导致这类方法的匹配精度要低于视差回归网络。

为解决网络深度与训练块大小的耦合问题,本章提出了一种用以计算匹配成本的深度网络,即成本网络,该网络结合了不同深度的特征图用以提高特征表达能力;然后针对注意力机制占用内存过多问题,提出了一种多尺度注意力机制,并应用于视差求精网络用以优化预测视差图。

11.2　成本网络模型

立体匹配方法首先为参考图像上每一像素点 p 计算一个匹配成本 $c(p,d)$,其中 d 表示视差,这些匹配成本构成一个三维视差空间图,然后进行成本累积、视差计算和视差求精等一系列步骤,最终获得视差图。目前利用深度学习计算匹配成本的方法将卷积层深度与训练图像块尺寸耦合在一起,如果通过增加网络深度以获得更精确的匹配成本,势必导致训练图像块尺寸增加,然而训练图像块尺寸的增加会导致网络模型过拟合,进而降低匹配成本的准确性。

为解决卷积层深度与训练图像块尺寸耦合的问题,同时为了能使用更先进的网络模型计算立体匹配成本,提出了一种成本网络模型。该模型主要特点是将特征层分成基础网络层和缩放层两部分。基础网络层的主要目的是进行特征提取,这部分网络可以使用目前比较先进的网络模块,如残差网络、稠密网络等。缩放层的目的是减小特征层的空间维度用以计算相似度。图 11.1 所示为成本网络结构图。例如,基础网络的输入是一对左、右图像块,其尺寸大小为 $9 \times 9 \times 3$,基础网络层的输出是一个 $9 \times 9 \times 112$ 的特征图,在这一层保持特征图空间维度不变,特征维度增加。缩放层一共由四个卷积层构成,每个卷积层的滤波核大小为 3×3,这样特征图通过一个卷积层其空间维度就会减少 2。 因此,当缩放层输入一个 $9 \times 9 \times 112$ 的特征图时,将输出一个 $1 \times 1 \times 112$ 的特征图,再与残差块的特征进行连接形成 $1 \times 1 \times 336$ 的特征图,最后将左右分支的特征图送入内积层输出相似度。

成本网络的损失函数采用了 Hinge 损失,即

$$L = \max(0, m + s_-^1 - s_+^1) \tag{11.1}$$

式中,s_+^1、s_-^1 分别表示网络层的正、负样例输出;m 表示常量,在网络训练时,m 设置为 0.2。

成本网络的输出是一个初始的三维视差空间图。为了能够获得更加精确的视差图,还需要进行成本累积、视差计算及视差求精等步骤。在成本累积步骤,采用了基于十字的成本累积方法;在视差计算步骤,采用了半全局匹配方法。

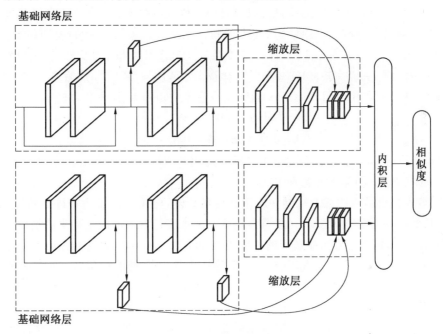

图 11.1　成本网络结构图

11.3　视差求精网络

视差求精是立体匹配方法的一个基本步骤,它作为后处理步骤可以纠正一些错误视差。为进一步提高立体匹配精度,提出了一种基于多尺度注意力的视差求精网络,该视差求精网络综合了多种视差线索,网络直接输出视差残差图,然后与初始视差图相加得到最终视差图。

11.3.1　网络输入

为提供更多特征信息以获得更加准确的视差校正值,视差求精网络将更多特征信息结合起来作为网络输入。求精网络总共考虑了 4 方面信息:① 第 1 个输入项是初始视差图 $D(x,y)$,其维度为 $1 \times H \times W$;② 第 2 个输入项是利用左右图像重建亮度误差

$R(x,y) = I_{\mathrm{L}}(x,y) - I_{\mathrm{R}}(x - D(x,y),y)$，其维度为 $3 \times H \times W$；③第 3 个输入项是重建特征误差，这一项使用了成本网络模型的特征层输出 $F_{\mathrm{L}}(x,y)$ 和 $F_{\mathrm{R}}(x,y)$，其重建特征误差计算为 $F(x,y) = F_{\mathrm{L}}(x,y) - F_{\mathrm{R}}(x - D(x,y),y)$，其空间维度为 $336 \times H \times W$；④第 4 个输入项是左图像 $I_{\mathrm{L}}(x,y)$，其空间维度为 $3 \times H \times W$。然后将这些信息连接起来形成维度为 $343 \times H \times W$ 的特征信息。

11.3.2　多尺度注意力机制

注意力机制在自然语言处理中获得了巨大的成功，几乎所有先进的模型都用到了注意力机制。目前，已经有一些研究工作将注意力机制应用到计算机视觉领域，且模型性能都获得了提升。注意力机制之所以可以提升模型性能，是因为它建模了全局范围内像素间的依赖关系，因此获得了更具表达能力的特征信息。注意力机制的模型如图 11.2(a) 所示，$A \in \mathbf{R}^{C \times H \times W}$ 是输入特征图，特征图 A 经过 3 个卷积层再经过变形、转置分别获得值矩阵 $W_{\mathrm{v}} \in \mathbf{R}^{C \times HW}$，关键字矩阵 $W_{\mathrm{k}} \in \mathbf{R}^{HW \times C}$ 和查询矩阵 $W_{\mathrm{q}} \in \mathbf{R}^{C \times HW}$，然后将关键字矩阵 W_{k} 和查询矩阵 W_{q} 相乘并应用 Softmax 函数获得注意力矩阵 S，其注意力机制可表达为

$$\begin{cases} S = \mathrm{Softmax}(W_{\mathrm{k}} \otimes W_{\mathrm{q}}, d = 0) \\ O = A \oplus \mathrm{conv}(W_{\mathrm{v}} \otimes S) \end{cases} \tag{11.2}$$

式中，$\mathrm{Softmax}(A,d)$ 表示在张量 A 的 d 维上应用 Softmax 函数；$\mathrm{conv}(\cdot)$ 表示卷积操作；$\oplus$ 表示矩阵加法；$\otimes$ 表示矩阵乘法。

Fu 等人提出了双注意力机制并应用到场景分割，但由于注意力矩阵 S 维度太大，在模型中只使用一个注意力模块。注意力矩阵空间维度过大的原因是如果特征图的空间维度是 300×300，那么注意力矩阵 S 的维度将是 $90\,000 \times 90\,000$，这导致矩阵维度呈指数级增长，消耗内存过多，限制了应用。Yin 等人将注意力机制进行解耦，并将注意力分为 "Pairwise" 项和 "Unary" 项两项，但注意力矩阵的维度依然是 $HW \times HW$。

为解决注意力机制内存消耗过大的问题，提出了一种多尺度注意力机制。如图 11.2(b) 所示，多尺度注意力机制首先对特征图应用空间金字塔池化，然后执行 1×1 卷积生成不同尺度的关键字矩阵 W_{k}^{i} 和值矩阵 W_{v}^{i}。由于空间金字塔池化输出的空间维度是固定的，因此可以生成指定维度的关键字矩阵和值矩阵。然后对关键字矩阵 W_{k}^{i} 和值矩阵 W_{v}^{i} 进行变形和转置操作，使 W_{k}^{i} 的维度分别为 $\{1 \times C, 4 \times C, 16 \times C\}$，使 W_{v}^{i} 的维度分别为 $\{C \times 1, C \times 4, C \times 16\}$。最后注意力机制的输出可表达为

$$O = A \oplus \mathrm{conv}\Big(\sum_{i=0}^{2} W_{\mathrm{v}}^{i} \otimes \mathrm{Softmax}(W_{\mathrm{k}}^{i} \otimes W_{\mathrm{q}}, d = 0)\Big) \tag{11.3}$$

式(11.3)可进一步简化为

$$O = A \oplus \mathrm{conv}(\mathrm{cat}(W_{\mathrm{v}}^{i}, d = 1) \otimes \mathrm{cat}(\mathrm{Softmax}(W_{\mathrm{k}}^{i} \otimes W_{\mathrm{q}}, d = 0), d = 0)) \tag{11.4}$$

式中，$\mathrm{cat}(\cdot)$ 表示将矩阵按照指定维度进行连接。

多尺度注意力机制的注意力矩阵空间维度为 $21 \times HW$，该机制可以有效缩减空间维度，大大降低内存消耗。

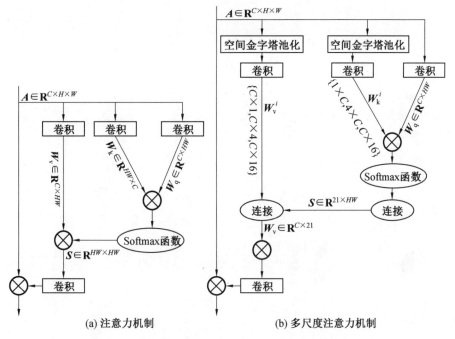

图 11.2　注意力机制及多尺度注意力机制的模型

11.3.3　基于多尺度注意力的视差求精网络

基于多尺度注意力的视差求精网络结构图如图 11.3 所示。该网络结构与视差回归网络不同,这里特征图设计为三维结构,这样的结构允许仅采用二维卷积,避免使用三维卷积,这样可以进一步提高执行效率。网络结构分为两个阶段,第 1 个阶段称为收缩阶段,特征图在经过卷积层后其空间维度将减半,特征维度增加一倍;第 2 个阶段称为扩张阶段,在该阶段采用了反卷积模块,同时输入的特征图整合了对应收缩阶段的特征图和视差残差图。在扩张阶段的卷积层之间,一共插入了 3 个多尺度注意力模块(Multi Scale Attention,MSA)。网络最后的输出是全分辨率残差视差图,加上初始视差图得到最终的预测视差图。

视差求精网络的损失函数由 4 部分构成,这 4 部分分别来自于网络的 4 个输出模块,其网络的损失函数为

$$L = \sum_{i=0}^{i=3} \lambda_i \cdot L_{\text{smooth}}(\text{up}(d_i) + d - d^*) \tag{11.5}$$

式中,λ_i 表示第 i 个损失所占比重;d^* 表示真实视差图;up($\cdot$)表示上采样函数,其作用是使视差 d_i 与真实视差具有相同的空间维度;d 表示初始视差图;$L_{\text{smooth}}(\cdot)$ 表示平滑损失,其公式为

$$L_{\text{smooth}}(x) = \begin{cases} 0.5x^2, & |x| < 1 \\ |x| - 0.5, & \text{否则} \end{cases} \tag{11.6}$$

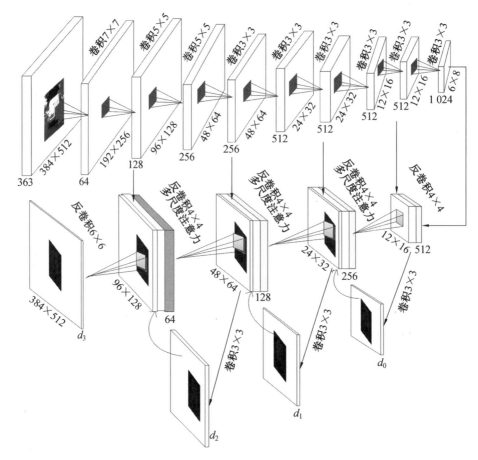

图 11.3　基于多尺度注意力的视差求精网络结构图

11.4　实　验　分　析

本实验采用了 Python 语言及 PyTorch 深度学习框架实现了基于多尺度注意力网络的立体匹配方法,并在 GeForce GTX1080Ti GPU 上训练了该深度网络。实验采用的参数设置为 $\lambda_0 = 0.2, \lambda_1 = 0.2, \lambda_2 = 0.2, \lambda_3 = 0.4$。实验数据集采用了 KITTI 2012、KITTI 2015 及 SceneFlow 数据集。基于多尺度注意力网络的立体匹配方法分两个阶段进行训练,第 1 个阶段是训练成本网络,该阶段的训练数据集是根据 Bontar 等人所提方法进行构建。训练数据集由正、负两类样本构成,正样本是根据真实视差图在左、右图像中选择匹配的图像块,负样本则选择不匹配的图像块,正、负样本数据量相同。第 2 个阶段是训练视差求精网络,该阶段训练数据集根据 11.3.1 节进行构建。

11.4.1　训练策略

训练策略的选择对深度学习至关重要,为加速收敛,提高精度,本实验的优化器选择了 SGD 算法,其冲量设置为 0.9。学习率调整方法选择 OneCycleLR,初始学习率设置为

0.003,退火策略选择了余弦方式。 第 1 个阶段训练 14 个 epoch,第 2 个阶段训练 400 个 epoch。

11.4.2　分类精度分析

在第 1 阶段利用深度学习计算匹配成本,本质上是一个二值分类问题,分类精度越高,匹配成本越准确,立体匹配精度就越高。本实验将全部数据的 80% 用作训练数据,20% 用作验证数据,分析了第 1 阶段深度模型的分类精度。将所提方法的分类精度与 MC－CNN 方法和肖进胜等人所提的 BSVSA－CNN 方法进行了对比,其对比图如图 11.4 所示,通过对比可以看出,分类精度随着训练 epoch 的增加,稳步上升,最高分类精度为 98.40%。

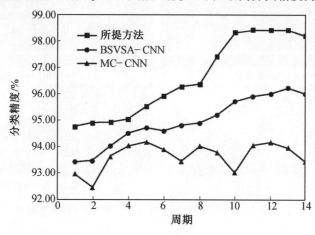

图 11.4　分类精度对比图

11.4.3　匹配精度分析

本实验分析了成本网络(Cost Network,CNet)和视差求精网络(Disparity Refinement Network,DRNet)对匹配精度的影响。实验使用 KITTI 2012、KITTI 2015 验证数据集,采用 3 像素坏点百分数对这两个模块进行评测,每个验证数据集分别由 40 幅立体像对构成。在这两个数据集上,利用成本网络生成预测视差图,并计算了 3 像素坏点百分数,见表 11.1 的 CNet 列,其计算时间见表 11.1 的第 3 列;然后在立体匹配过程中加入了视差求精网络模块,其 3 像素坏点百分数见表 11.1 的 DRNet 列,总计算时间见表 11.1 的第 5 列。实验结果表明基于多尺度注意力网络的立体匹配方法可以获得较低的误差百分数,通过视差求精网络有效提高了匹配性能,进一步降低了误差百分数。在运行时间方面,利用成本网络计算初始视差图的时间为 0.85 s,视差求精时间为 1.10 s,总体运行时间为 1.95 s。

表 11.1　匹配精度分析

数据集	CNet	时间 /s	DRNet	总时间 /s
KITTI 2012	2.48	0.85	1.13	1.95
KITTI 2015	2.59	0.85	1.87	1.95

图 11.5 所示为 CNet 网络与 DRNet 网络视差图对比，其中，第一行为视差图，第二行为误差图，图 11.5(a) 所示为利用成本网络(CNet) 计算的预测视差图，其 3 像素坏点百分数为 2.18%，图 11.5(b) 所示为利用成本网络加视差求精网络(CNet＋DRNet) 计算的预测视差图，其 3 像素坏点百分数为 0.92%，通过对比预测视差图可以看出视差图 11.5(b) 中汽车部分的视差要比视差图 11.5(a) 中的更平滑，误差率更低；图 11.5(c)、(d) 所示为对应的视差误差图，红色表示错误视差，绿色表示正确视差，如误差图中标识的矩形区域，该区域主要由弱纹理区域和阴影构成，视差求精网络可以有效地改进这部分视差。

(a) CNet视差图　　　　　　　　　　(b) CNet+DRNet视差图

(c) CNet误差图　　　　　　　　　　(d) CNet+DRNet误差图

图 11.5　CNet 网络与 DRNet 网络视差图对比(彩图见附录)

11.4.4　实验结果对比

本实验使用了 KITTI 2012、KITTI 2015 数据集进行了验证，并与空间金字塔立体匹配网络(Pyramid Stereo Matching Network，PSMNet)、基于分组相关的立体网络(Group-wise Correlation Stereo Network，GCNet)、基于恒定高速网络和反射置信学习的立体模型(Constant Highway Networks and Reflective Confidence Learning，CHN－RCL)、基于卷积神经网络的匹配成本计算模型(Matching Cost Based on Convolutional Neural Network，MC－CNN) 和基于卷积神经网络的立体模型(Stereo Matching Based on Convolutional Neural Network，SM－CNN) 等方法进行对比。评价指标采用了坏点百分数，即预测视差与真实视差之间差值大于指定阈值 m 的像素所占的百分数。实验随机选择了 40 副立体像对，计算了平均坏点百分数，实验计算了阈值 $m＝2,3,4,5$ 的坏点百分数，并与同类方法进行了比较。表 11.2 所示为 KITTI 2012 数据集实验结果对比，通过此表可以看出，所提方法的 $m＝2,3,4,5$ 坏点百分数要分别优于 SM－CNN 方法 1.72%、1.36%、0.73%、0.64%，运行时间快 45.40 s；优于 PSMNet 方法 0.55%、0.76%、0.18%、0.10%，但时间略有增加。图 11.6 所示为 MC－CCN 方法、GCNet 方法、PSMNet 方法和所提方法在 KITTI 2012 数据集上的误差图及预测视差图，通过这组视差图可以看出所提方法有效减少了引擎盖和背景处的错误视差，这些区域主要是弱纹理区域和物体边缘。

表 11.2　KITTI 2012 数据集实验结果对比

方法	2px	3px	4px	5 px	时间 /s
所提方法	2.46	1.13	1.24	1.05	1.95
GCNet	3.46	2.30	1.77	1.46	1.71
PSMNet	3.01	1.89	1.42	1.15	0.67
CHN－RCL	4.18	2.49	1.97	1.69	47.35
MC－CNN	4.28	2.61	2.02	1.72	36.98
SM－CNN	4.36	2.61	2.00	1.70	38.98

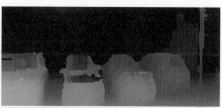

(a) MC–CCN方法的误差图及预测视差图

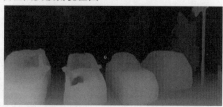

(b) GCNet方法的误差图及预测视差图

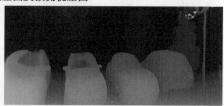

(c) PSMNet方法的误差图及预测视差图

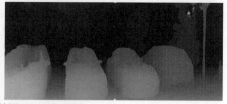

(d) 所提方法的误差图及预测视差图

图 11.6　KITTI 2012 实验结果对比(彩图见附录)

表 11.3 所示为 KITTI 2015 数据集实验结果对比,结果显示所提方法的 $m=2,3,4,5$ 坏点百分数要分别优于 CHN－RCL 方法 2.74％、1.33％、0.96％、0.75％;优于 PSMNet 方法 0.97％、0.45％、0.18％、0.20％。 图 11.7 所示为 MC－CCN 方法、GCNet 方法、PSMNet 方法和所提方法在 KITTI 2015 数据集上的误差图及预测视差图,通过视差图可

以看出,所提方法减少了汽车后备厢和玻璃边缘的错误视差。实验结果表明,所提立体匹配方法在运行时间和匹配精度方面都有一定的竞争力,位于同类方法前列。

表 11.3　KITTI 2015 数据集实验结果对比

方法	2px	3px	4px	5px	时间 /s
所提方法	3.56	1.87	1.35	1.15	1.95
GCNet	4.96	2.87	1.94	1.74	1.71
PSMNet	4.53	2.32	1.53	1.35	0.67
CHN—RCL	6.30	3.20	2.31	1.90	47.35
MC—CNN	6.38	3.25	2.37	1.97	36.98
SM—CNN	6.56	3.25	2.33	1.92	38.98

(a) MC-CCN方法的误差图及预测视差图

(b) GCNet方法的误差图及预测视差图

(c) PSMNet方法的误差图及预测视差图

(d) 所提方法的误差图及预测视差图

图 11.7　KITTI 2015 实验结果对比(彩图见附录)

本实验使用 SceneFlow 数据集对所提方法进行了验证,本实验在测试数据集中随机选取 40 副立体像对,计算了 3 像素坏点百分数和终点误差(EPE,视差误差平均值)。SceneFlow 实验结果对比见表 11.4,通过此表可以看出,所提方法的坏点百分数优于 PSMNet 方法 0.14%,终点误差优于 PSMNet 方法 0.19。图 11.8 所示为 GCNet 方法、PSMNet 方法和所提方法的误差图及预测视差图,这些方法的误差区域主要集中在弱纹理区域和薄物体区域,而所提方法在这些区域获得了较为准确的视差。

表 11.4　SceneFlow 实验结果对比

方法	3px	EPE	时间 /s
所提方法	2.29	0.90	1.86
GCNet	3.04	2.51	1.59
PSMNet	2.43	1.09	0.51

(a) GCNet方法的误差图及预测视差图

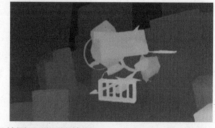

(b) PSMNet方法的误差图及预测视差图

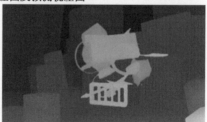

(c) 所提方法的误差图及预测视差图

图 11.8　SceneFlow 实验结果对比(彩图见附录)

11.5　本章小结

　　本章提出了一种基于多尺度注意力网络的立体匹配方法,该方法通过成本网络获得了健壮的特征和初始视差图,然后通过多尺度注意力的视差求精网络进一步优化视差图,有效地提高了立体匹配精度。该方法在 KITTI 2012、KITTI 2015 和 SceneFlow 数据集上进行验证,并与几种典型的深度学习立体匹配方法进行对比,对比结果表明,所提方法可以获得较高的立体匹配精度,而且在物体边缘和弱纹理区域优于其他匹配方法。

参 考 文 献

[1] 贾云得. 机器视觉[M]. 北京:科学出版社,2000.

[2] MARR D. Vision: A computational investigation into the human representation and processing of visual information [M]. San Francisco:W. H. Freeman and Company,1982.

[3] FUSIELLO A,TRUCCO E,VERRI A. A compact algorithm for rectification of stereo pairs [J]. Machine Vision and Application,2000,12(1):16-22.

[4] LIU X, LI D H, LIU X Y. A method of stereo images rectification and its application in stereo vision measurement[C]// Second IITA International Conference on Geoscience and Remote Sensing. Qingdao:IEEE, 2010:169-172.

[5] SCHARSTEIN D, SZELISKI R. A taxonomy and evaluation of dense two-frame stereo correspondence algorithms [J]. International Journal of Computer Vision, 2002,47(1):7-42.

[6] 谢维达,周宇恒,寇若岚. 一种改进的快速归一化互相关算法[J]. 同济大学学报(自然科学版),2011,39(8):1233-1237.

[7] MERLIN G,REJIMOL R R. A novel stereo matching technique for radiometric changes using normalized cross correlation[C]// International Conference on Data Science & Engineering. Cochin:IEEE,2012:94-97.

[8] ZABIH R,WOODFILL J. Non-parametric local transforms for computing visual correspondence[C]// 3rd Europeon Conference on Computer Vision. Berlin: Springer,1994:151-158.

[9] BARNARD S T. Stochastic stereo matching over scale[J]. International Journal of Computer Vision,1989,3(1):17-32.

[10] PAL A J,RAY B,ZAKARIA N,et al. Comparative performance of modified simulated annealing with simple simulated annealing for graph coloring problem[C]// International Conference on Computational Science. Omaha: ELSEVIER,2012:321-327.

[11] ZHAO X C. Simulated annealing algorithm with adaptive neighborhood[J]. Applied Soft Computing,2011,11(2):1827-1836.

[12] HERRERA P J,PAJARES G,GUIJARRO M,et al. Combining support vector machines and simulated annealing for stereovision matching with fish eye lenses in forest environments[J]. Expert Systems with Applications,2011,38(7): 8622-8631.

[13] GONG M L,YANG Y H. Genetic-based stereo algorithm and disparity map evaluation[J]. International Journal of Computer Vision,2002,47(1/2/3):63-77.

[14] HAN K H,SONG K W,CHUNG E Y,et al. Stereo matching using genetic algorithm with adaptive chromosomes[J]. Pattern Recognition,2001,34(9): 1729-1740.

[15] 郁理,郭立,袁红星. 基于分级置信度传播的立体匹配新方法[J]. 中国图象图形学报,2011,16(1):103-109.

[16] NOORSHAMS N,WAINWRIGHT M J. Stochastic belief propagation:Low-complexity message-passing with guarantees[C]// 49th Annual Allerton Conference on Communication,Control,and Computing. Monticello:IEEE,2011:269-276.

[17] KOLMOGOROV V. Convergent tree-reweighted message passing for energy minimization[J]. IEEE Transactions on Pattern Analysis And Machine Intelligence,2006,28(10):1568-1583.

[18] POTETZ B,LEE T S. Efficient belief propagation for higher-order cliques using linear constraint nodes[J]. Computer Vision and Image Understanding,2008, 112(1):39-54.

[19] 赵春艳,郑志明. 一种基于变量熵求解约束满足问题的置信传播算法[J]. 中国科学:信息科学,2012,42(9):1170-1180.

[20] SANGHAVI S,MALIOUTOV D,WILLSKY A. Belief propagation and LP relaxation for weighted matching in general graphs[J]. IEEE Transactions on Information Theory,2011,57(4):2203-2212.

[21] BOBICK A F,INTILLE S S. Large occlusions stereo[J]. International Journal of Computer Vision,1999,33(3):181-200.

[22] KIM J C,LEE K M,CHOI B T,et al. A dense stereo matching using two-pass dynamic programming with generalized ground control points[C]// IEEE Computer Society Conference on Computer Vision and Pattern Recognition. San Diego:IEEE,2005:1075-1082.

[23] VEKSLER O. Stereo correspondence by dynamic programming on a tree[C]// IEEE Computer Society Conference on Computer Vision and Pattern Recognition. San Diego:IEEE,2005:384-390.

[24] BIRCHFIELD S,TOMASI C. Depth discontinuities by pixel-to-pixel stereo[J]. International Journal of Computer Vision,1999,35(3):269-293.

[25] GONG M L,YANG Y H. Real-time stereo matching using orthogonal reliability-based dynamic programming[J]. IEEE Transactions on Image Processing,2007,16(3): 879-884.

[26] SALMEN J,SCHLIPSING M,EDELBRUNNER J,et al. Real-time stereo vision: Making more out of dynamic programming[J]. LNCS:Computer Analysis of Images and Patterns,2009,5702(299):1096-1103.

[27] SZELISK R,ZABIH R,SCHARSTEIN D,et al. A comparative study of energy minimization methods for markov random fields with smoothness-based

priors[J]. IEEE Transactions on Pattern Analysis and Machine Intelligence, 2008,30(6):1068-1080.

[28] FIX A,GRUBER A,BOROS E,et al. A graph cut algorithm for higher-order Markov Random Fields[C]// IEEE International Conference on Computer Vision. Barcelona:IEEE,2011:1020-1027.

[29] 郑加明,陈昭炯. 带连通性约束的快速交互式 Graph-Cut 算法[J]. 计算机辅助设计与图形学学报,2011,23(3):399-405.

[30] ZHOU L G,FAN J Z. A new stereo matching algorithm based on image segmentation[C]// IEEE International Conference on Information and Automation. Shenyang:IEEE, 2012:861-866.

[31] MAO Y H,LIU S,ZHANG S B,et al. A new global energy optimization framework for stereo disparity estimation[C]// International Conference on Systems and Informatics. Yantai:IEEE,2012:1805-1809.

[32] 苏晓许,胡晓辉,孙苗强. 采用色彩相似性约束的图割立体匹配[J]. 兰州交通大学学报,2012,31(1):93-97.

[33] DENG Y,YANG Q,LIN X Y,et al. Stereo correspondence with occlusion handling in a symmetric patch-based graph-cuts model[J]. IEEE Transactions on Pattern Analysis and Machine Intelligence,2007,29(6):1068-1079.

[34] KOLMOGOROV V,ZABIH R. What energy functions can be minimized via graph cuts[J]. IEEE Transactions on Pattern Analysis and Machine Intelligence, 2004,26(2):147-159.

[35] HU X Y,MORDOHAI P. A quantitative evaluation of confidence measures for stereo vision[J]. IEEE Transactions on Pattern Analysis and Machine Intelligence,2012,34(11):2121-2133.

[36] SYLVIE C,ALAIN C. Dense matching using correlation:New measures that is robust near occlusions[C]// Electronic Proceedings of British Machine Vision Conference. Norfolk:Norwich,2003:1-10.

[37] NAKHMANI A, TANNENBAUM A. A new distance measure based on generalized image normalized cross-correlation for robust video tracking and image recognition [J]. Pattern Recognition Letter,2013, 34(3):315-321.

[38] COX G. Template matching and measures of match in image processing[R]. Cape Town:Department of Electrical Engineering,University of Cape Town, 1995.

[39] PRATT W K. Digital image processing[M]. New York:Wiley Interscience Publication,1978.

[40] NIXON M S,AGUADO A S. Feature extraction and image processing[M]. Delhi:Replika Press Pvt. Ltd. ,2002.

[41] KANDAN R P,ARUNA P. Comparison of gaussian matched filter,kirsch

template and canny edge detection schemes for detection of blood vessels in retinal images[J]. The IUP Journal of Science & Technology,2011,7(4):31-45.

[42] 赖小波,朱世强. 基于互相关信息的非参数变换立体匹配算法[J]. 浙江大学学报（工学版）,2011,45(9):1636-1642.

[43] NAN G,QIN G. Adaptive color stereo matching based on rank transform[C]// International Conference on Industrial Control and Electronics Engineering. Xi'an: IEEE,2012:1701-1704.

[44] BANKS J,BENNAMOUN M,CORKE P. Non-parametric techniques for fast and robust stereo matching[C]// IEEE International Conference on Speech and Image Technologies for Computing and Telecommunications. Brisbane:IEEE, 1997:365-368.

[45] CYGANEK B. Comparison of nonparametric transformations and bit vector matching for stereo correlation[C]// (IWCIA) Lecture Notes in Computer Science. Berlin:Springer,2005:534-547.

[46] LUAN X,ZHOU H H,YU F J. A robust local census-based stereo matching insensitive to illumination changes[C]// IEEE International Conference on Information and Automation. Shenyang:IEEE,2012:801-805.

[47] BHAT D N,NAYAR S K. Ordinal measures for image correspondence[J]. IEEE Transactions on Pattern Analysis and Machine Intelligence,1998,20(4):415-423.

[48] LAN Z D,MOHR R. Robust location based partial correlation[C]// Proceedings of the 7th International Conference on Computer Analysis of Images and Patterns. Berlin:Springer-Verlag,1997:313-320.

[49] VEKSLER O. Fast variable window for stereo correspondence using integral images[C]// IEEE Conference on Computer Vision and Pattern Recognition. Madison: IEEE,2003:556-561.

[50] GONG M L,YANG R G,WANG L,et al. A performance study on different cost aggregation approaches used in real-time stereo matching[J]. International Journal of Computer Vision,2007,75(2):283-296.

[51] FUSIELLO A,ROBERTO V,TRUCCO E. Efficient stereo with multiple windowing[C]// IEEE Conference on Computer Vision and Pattern Recognition. San Juan: IEEE,1997:858-863.

[52] KANG S,SZELISKI R,CHAI J. Handling occlusions in dense multi-view stereo[C]// IEEE Conference on Computer Vision and Pattern Recognition. Kauai:IEEE,2001:103-110.

[53] DEMOULIN C,VAN D M. A method based on multiple adaptive windows to improve the determination of disparity maps[C]// ProRISC/IEEE Workshop on Circuit,Systems and Signal Processing. Mieho:IEEE,2005:615-618.

[54] CHAN S,WONG Y,DANIEL J. Dense stereo correspondence based on recursive

adaptive size multi-windowing[C]// Proceedings of Image and Vision Computing. Palmerston North: WAS, 2003:256-260.

[55] HIRSCHMULLER H, INNOCENT P R, GARIBALDI J. Real-time correlation-based stereo vision with reduced border errors[J]. International Journal of Computer Vision, 2002, 47(1-3):229-246.

[56] OKUTOMI M, KATAYAMA Y, OKA S. A simple stereo algorithm to recover precise object boundaries and smooth surfaces[C]// IEEE Conference on Computer Vision and Pattern Recognition. Kauai: IEEE, 2001:138-144.

[57] BOYKOV Y, VEKSLER O, ZABIH R. A variable window approach to early vision[J]. IEEE Transaction on Pattern Analysis and Machine Intelligence, 1998, 20(12):1283-1294.

[58] KANADE T, OKUTOMI M. Stereo matching algorithm with an adaptive window: Theory and experiment[J]. IEEE Transactions on Pattern Analysis and Machine Intelligence, 1994, 16(9):920-932.

[59] 周秀芝,文贡坚,王润生. 自适应窗口快速立体匹配[J]. 计算机学报, 2006, 29(3): 473-479.

[60] VEKSLER O. Stereo correspondence with compact windows via minimum ratio cycle[J]. IEEE Transactions on Pattern Analysis and Machine Intelligence, 2002, 24(12): 1654-1660.

[61] GONG M L, YANG R G. Image-gradient-guided real-time stereo on graphics hardware[C]// 5th International Conference on 3-D Digital Imaging and Modeling. Los Alamitos: IEEE, 2005:548-555.

[62] TANG L, WU C K, CHEN Z Z. Image dense matching based on region growth with adaptive window[J]. Pattern Recognition Letters, 2002, 23(10):1169-1178.

[63] YOON S U, MIN D B, SOHN K. Fast dense stereo matching using adaptive window in hierarchical framework[C]// 2nd International Conference on Advances in Visual Computing. Lake Tahoe: Springer, 2006:316-325.

[64] ZHANG K, LU J B, LAFRUIT G. Cross-based local stereo matching using orthogonal integral images[J]. IEEE Transactions on Circuits and Systems for Video Technology, 2009, 19(7):1073-1079.

[65] LU J B, ZHANG K, LAFRUIT G, et al. Real-time stereo matching: A cross-based local approach[C]// International Conference on Acoustics, IEEE, Speech and Signal Processing. Los Alamitos: IEEE, 2009:733-736.

[66] WANG D S, FENG T, SHUM H Y. Stereo computation using radial adaptive windows[C]// 16th International Conference on Pattern Recognition. Quebec: IEEE, 2002:595-598.

[67] HAI T, SAWHNEY H S. Global matching criterion and color segmentation based stereo[C]// 5th IEEE Workshop on Applications of Computer Vision.

California:IEEE,2000: 246-253.

[68] TOMBARI F,MATTOCCIA S,STEFANO L,et al. Near real-time stereo based on effective cost aggregation[C]// 19th International Conference on Pattern Recognition. Tampa:IEEE,2008:1-4.

[69] ZHANG Y,KAMBHAMETTU C. Stereo matching with segmentation-based cooperation[C]// 7th European Conference on Computer Vision. Copenhagen: Springer,2002: 556-571.

[70] HOSNI A,BLEYER M,GELAUTZ M. Near real-time stereo with adaptive support weight approaches[C]// International Symposium 3D Data Processing, Visualization and Transmission. Paris:Springer,2010:550-558.

[71] YOON K J,KWEON S. Adaptive support-weight approach for correspondence search[J]. IEEE Transactions on Pattern Analysis and Machine Intelligence, 2006,28(4):650-656.

[72] GERRITS M,BEKAERT P. Local stereo matching with segmentation-based outlier rejection [C]. 3rd Canadian Conference on Computer and Robot Vision. Quebec:IEEE,2006:66-76.

[73] TOMBARI F,MATTOCCIA S,STEFANO L D. Segmentation-based adaptive support for accurate stereo correspondence[C]// 2nd Pacific Rim Conference on Advances in Image and Video Technology. Santiago:Springer, 2007:427-438.

[74] MATTOCCIA S,GIARDINO S,GAMBINI A. Accurate and efficient cost aggregation strategy for stereo correspondence based on approximated joint bilateral filtering[C]// Asian Conference on Computer Vision. Xi'an:IEEE, 2009:371-380.

[75] LI L,ZHANG C M,YAN H. Cost aggregation strategy for stereo matching based on a generalized bilateral filter model[C]// International Conference on Information Computing and Applications. Tangshan:IEEE,2010:193-200.

[76] DE-MAEZTU L,VILLANUEVA A,CABEZA R. Stereo matching using gradient similarity and locally adaptive support-weight[J]. Pattern Recognition Letters, 2011,32(13): 1643-1651.

[77] LI L,YAN H. Cost aggregation strategy with bilateral filter based on multi-scale nonlinear structure tensor[J]. Journal of Networks,2011,6(7):958-965.

[78] HEO Y S,LEE M K,LEE S K. Robust stereo matching using adaptive normalized cross-correlation[J]. IEEE Transactions on Pattern Analysis and Machine Intelligence,2011,33(4):807-822.

[79] RICHARD C,ORR D,DAVIES I,et al. Real-time spatiotemporal stereo matching using the dual-cross-bilateral grid[C]// 11th European Conference on Computer Vision Conference on Computer Vision. Crete:Springer,2010: 510-523.

[80] WANG L,LIAO M,GONG M L,et al. High quality real-time stereo using adaptive cost aggregation and dynamic programming[C]// 3th International Symposium on 3D Data Processing,Visualization and Transmission. Chapel Hill：IEEE,2006：798-805.

[81] CHANG X F,ZHOU Z,ZHAO Q P. Apply two pass aggregation to real-time stereo matching[C]// International Conference on Audio Language and Image Processing. Shanghai：IEEE, 2010：1387-1391.

[82] HOSNI A,BLEYER M,GELAUTZ M,et al. Local stereo matching using geodesic support weights[C]// 16th IEEE International Conference on Image Processing. Cairo：IEEE,2009：2069-2072.

[83] SCHARSTEIN D,SZELISKI R. Stereo matching with non-linear diffusion[C]// IEEE Computer Society Conference on Computer Vision and Pattern Recognition. San Francisco：IEEE,2009：343-350.

[84] YOON K J. Stereo matching based on nonlinear diffusion with disparity-dependent support weights[J]. IET Computer Vision,2012,6(4)：306-313.

[85] YOON K J,JEONG Y,KWEON I S. Support aggregation via non-linear diffusion with disparity-dependent support-weights for stereo matching[C]// 9th Asian Conference on Computer Vision. Xi'an：Springer,2009：25-36.

[86] DE-MAEZTU L,VILLANUEVA A,CABEZA R. Near real-time stereo matching using geodesic diffusion[J]. IEEE Transactions on Pattern Analysis and Machine Intelligence,2012,34(2)：410-416.

[87] MIN D,SOHN K. Cost aggregation and occlusion handling with WLS in stereo matching[J]. IEEE Transactions on Image Processing,2008,17(8)：1431-1442.

[88] MOZEROV M. An effective stereo matching algorithm with optimal path cost aggregation[C]// 28th Conference on Pattern Recognition. Berlin：Springer,2006： 617-626.

[89] HIRSCHMULLER H. Stereo processing by semiglobal matching and mutual information[J]. IEEE Transactions on Pattern Analysis and Machine Intelligence,2008,30(2)：328-341.

[90] BARNARD S T,FISCHLER M A. Computational stereo[J]. ACM Computing Surveys,1982,14(4)：553-572.

[91] DHOND U R,AGGARWAL J K. Structure from stereo—a review[J]. IEEE Transaction on Systems,Man and Cybernetics,1989,19(6)：1489-1510.

[92] KOSCHAN A. What is new in computational stereo since 1989： A survey of current stereo papers[R]. Berlin：Technical University of Berlin,1993.

[93] BROWN M Z,URSCHKA D,HAGER G D. Advances in computational stereo[J]. IEEE Transactions on Pattern Analysis and Machine Intelligence,2003,25(8)：993-1008.

[94] MEI X,SUN X,ZHOU M C. On building an accurate stereo matching system on graphics hardware[C]// IEEE International Conference on Computer Vision Workshops. Barcelona:IEEE, 2011:467-474.

[95] SUN J,ZHENG N N,SHUM H Y. Stereo matching using belief propagation[J]. IEEE Transactions on Pattern Analysis and Machine Intelligence,2003,25(7): 787-800.

[96] FELZENSZWALB P F,HUTTENLOCHER D P. Efficient belief propagation for early vision[J]. International Journal of Computer Vision,2006,70(1):41-54.

[97] YANG Q X,WANG L,YANG R G. Stereo matching with color-weighted correlation,hierarchical belief propagation and occlusion handling[J]. IEEE Transactions on Pattern Analysis and Machine Intelligence,2009,31(3):492-504.

[98] YANG Q X,WANG L,AHUJA N. A constant-space belief propagation algorithm for stereo matching[C]// 23th IEEE Conference on Computer Vision and Pattern Recognition. San Francisco:IEEE,2010:1458-1465.

[99] CHEN S Y,WANG Z J. Acceleration strategies in generalized belief propagation[J]. IEEE Transactions on Industrial Informatics,2012,8(1):41-48.

[100] KLAUS A,SORMANN M,KARNER K. Segment-based stereo matching using belief propagation and a self-adapting dissimilarity measure[C]// 18th International Conference on Pattern Recognition. Hong Kong:IEEE, 2006: 15-18.

[101] BOYKOV Y,VEKSLER O,ZABIH R. Fast approximate energy minimization via graph cuts[J]. IEEE Transactions on Pattern Analysis and Machine Intelligence,2001,23(11):1222-1239.

[102] KOLMOGOROV V,ZABIH R. Computing visual correspondence with occlusions using graph cuts[C]// IEEE International Conference on Computer Vision. Vancouver:IEEE,2001:508-515.

[103] VEKSLER O. Reducing search space for stereo correspondence with graph cuts[C]// The British Machine Conference. UK:Edinburgh,2006:709-718.

[104] WANG D L,LIM K B. Obtaining depth map from segment-based stereo matching using graph cuts[J]. Journal of Visual Communication and Image Representation,2011,22(4): 325-331.

[105] LI H,CHEN G. Segment-based stereo matching using graph cuts[C]// IEEE Computer Society Conference on Computer Vision and Pattern Recognition. Washington:IEEE,2006:74-81.

[106] JIM H L,YEZZI A J,SOATTO S. Variational multiframe stereo in the presence of specular reflections[C]// International Symposium on 3D Data Processing Visualization and Transmission. Padua:IEEE,2002:626-630.

[107] SLESAREVA N,BRUHN A,WEICKERT J. Optic flow goes stereo:A variational

method for estimating discontinuity-preserving dense disparity maps[C]// 27th Annual Meeting of the German Association for Pattern Recognition. Vienna: Springer,2005:33-40.

[108] ZIMMER H,BRUHN A,VALGAERTS L. PDE-based anisotropic disparity-driven stereo vision[C]// Proceedings of the Vision, Modeling, and Visualization Conference. Konstanz:VMV,2008:263-272.

[109] BEN-ARI R,SOCHEN N. Variational stereo vision with sharp discontinuities and occlusion handling[C]// International Conference on Computer Vision. Rio de Janeiro:IEEE, 2007:1-7.

[110] KOSOV S,THORMAHLEN T,SEIDEL H P. Accurate real-time disparity estimation with variational methods[C]// International Symposium on Advances in Visual Computing. Nevada:Springer,2009:796-807.

[111] WENG J J. Image matching using windowed Fourier phase[J]. International Journal of Computer Vision,1993,11(3):211-236.

[112] MUQUIT M A,SHIBAHARA T,AOKI T. A high-accuracy passive 3d measurement system using phase-based image matching[J]. IEICE Transactions on Fundamentals of Electronics,Communications and Computer Sciences,2006,E89-A(3):686-697.

[113] 李达,潘志斌,李敬源,等. 基于一维相位相关的改进图像三维重建算法[J]. 微电子学与计算机,2013,30(1):73-76.

[114] ZHANG H,ZHANG L T,ZHAO M,et al. A fast binocular vision stereo matching algorithm[C]// International Conference on Modelling,Identification and Control. Wuhan:IEEE, 2012:1179-1183.

[115] 邵暖,李惠光,刘乐. 基于特征匹配算法的双目视觉测距[J]. 燕山大学学报,2012,36(1):57-61.

[116] 王民,刘伟光. 基于改进 SIFT 特征的双目图像匹配算法[J]. 计算机工程与应用,2013,49(2):203-206.

[117] 肖俊,夏林元,林丽群,等. 多尺度边缘动态规划立体匹配算法[J]. 测绘科学,2012,37(1):142-144.

[118] DELON J, ROUGE B. Small baseline stereovision[J]. Journal of Mathematical Imaging and Vision,2007,28(3):209-223.

[119] FACCIOLO G. Variational adhesion correction with image based regularization for digital elevation models[D]. Montevicleo:Universidad de la Republica Oriental del Uruguay,2005.

[120] IGUAL L,PRECIOZZI J, GARRIDO L. Automatic low baseline stereo in urban areas[J]. Inverse Problems and Imaging,2007,1(2):319-348.

[121] ŽBONTAR J, YAN L C. Computing the stereo matching cost with a convolutional neural network[C]// 2015 IEEE Conference on Computer Vision

and Pattern Recognition (CVPR). Boston:IEEE, 2015:1592-1599.

[122] LUO W J,SCHWING A G,URTASUN R. Efficient deep learning for stereo matching[C]// 2016 IEEE Conference on Computer Vision and Pattern Recognition (CVPR). Las Vegas: IEEE,2016:5695-5703.

[123] SHAKED A, WOLF L. Improved stereo matching with constant highway networks and reflective confidence learning[C]// 2017 IEEE Conference on Computer Vision and Pattern Recognition (CVPR). Honolulu:IEEE,2017: 6901-6910.

[124] KENDALL A,MARTIROSYAN H,DASGUPTAET S,et al. End-to-End learning of geometry and context for deep stereo regression[C]// 2017 IEEE International Conference on Computer Vision (ICCV). Venice:IEEE,2017: 66-75.

[125] CHANG J R, CHEN Y S. Pyramid stereo matching network[C]// 2018 IEEE/CVF Conference on Computer Vision and Pattern Recognition. Salt Lake City:IEEE,2018:5410-5418.

[126] GUO X Y,YANG K,YANG W K,et al. Group-wise correlation stereo network[C]// 2019 IEEE/CVF Conference on Computer Vision and Pattern Recognition (CVPR). Long Beach:IEEE,2019:3268-3277.

[127] ZHANG F H,PRISACARIU V,YANG R G,et al. GA-Net:Guided aggregation net for End-to-End stereo matching[C]// 2019 IEEE/CVF Conference on Computer Vision and Pattern Recognition (CVPR). Long Beach:IEEE,2019: 185-194.

[128] XU H F, ZHANG J Y. AANet:Adaptive aggregation network for efficient stereo matching[C]// 2020 IEEE/CVF Conference on Computer Vision and Pattern Recognition (CVPR). Seattle:IEEE,2020:1956-1965.

[129] ZHANG Y M,CHEN Y M,BAI Y,et al. Adaptive unimodal cost volume filtering for deep stereo matching[C]// Proceedings of the AAAI Conference on Artificial Intelligence. New York:AAAI,2020,34(07):12926-12934.

[130] PRESS W H,TEUKOLSKY S A, VETTERLING W T,et al. Numerical recipes in Fortran:The art of scientific computing[M]. 2nd ed. New York:Cambridge University Press,1992.

[131] MCDONNELL M J. Box-filtering techniques[J]. Computer Graphics and Image Processing,1981,17(1):65-70.

[132] DONATE A,LIU X W,COLLINS E G. Efficient path-based stereo matching with subpixel accuracy[J]. IEEE Transactions on Systems,Man,and Cybernetics,Part B:Cybernetics,2011,41(1):183-195.

[133] SUN C M. Fast stereo matching using rectangular subregioning and 3D maximum-surface techniques[J]. International Journal of Computer Vision,

2002,47(1-3):99-117.

[134] WEI Y C,QUAN L. Region-based progressive stereo matching[C]// IEEE Computer Society Conference on Computer Vision and Pattern Recognition. Washington:IEEE,2004:106-113.

[135] COMANICIU D,MEER P. Mean shift:A robust approach toward feature space analysis[J]. IEEE Transactions on Pattern Analysis and Machine Intelligence, 2002,24(5):603-619.

[136] 王彦飞. 反问题的计算方法及其应用[M]. 北京:高等教育出版社,2007.

[137] KUNISCH K,ZOU J. Iterative choices of regularization parameters in linear inverse problems[J]. Inverse Problems,1998,14(5):1247-1264.

[138] CAI J. Integration of optical flow and dynamic programming for stereo matching[J]. IET Image Processing,2012,6(3):205-212.

[139] PORIKLI F. Constant time O (1) bilateral filtering[C]// IEEE Conference on Computer Vision and Pattern Recognition. Anchorage:IEEE,2008:1-8.

[140] HALLER I,NEDEVSCHI S. Design of interpolation functions for subpixel-accuracy stereo-vision systems[J]. IEEE Transactions on Image Processing,2012,21(2): 889-898.

[141] XU L,JIA J Y,KANG S B. Improving sub-pixel correspondence through upsampling[J]. Computer Vision and Image Understanding,2012,116(2): 250-261.

[142] LEI X,LIU X Y,LIU G D,et al. Evaluation of sub-pixel displacement measurement algorithms in digital image correlation[C]// International Conference on Mechatronic Science,Electric Engineering and Computer. Jilin:IEEE, 2011: 1066-1069.

[143] NI Z H,CHUN X F. A sub-pixel localization algorithm on the basis of gauss curve fitting in gradient direction[J]. Advanced Research on Information Science,Automation and Material System,2011,219:1149-1152.

[144] ZHANG Z H,AI X,CANAGARAJAH N,et al. Local stereo disparity estimation with novel cost aggregation for sub-pixel accuracy improvement in automotive applications[C]// IEEE Intelligent Vehicles Symposium. Alcala de Henares: IEEE, 2012:99-104.

[145] ZAKHAROV I,TOUTIN T. Subpixel image matching based on Fourier phase correlation for Radarsat-2 stereo-radargrammetry[J]. Canadian Journal of Remote Sensing,2012,38(4):487-495.

[146] MAMORU M,SHUJI S,SHOICHIRO A,et al. High-accuracy image matching using phase-only correlation and its application[C]// SICE Annual Conference. Akita:IEEE,2012:307-312.

[147] ZHU W Q,LU D M,DIAO C Y,et al. Variational stereo matching with left

right consistency constraint[C]// International Conference of Soft Computing and Pattern Recognition. Dalian:IEEE, 2011:222-226.

[148] GALLEGO G,YEZZI A,FEDELE F,et al. A variational stereo method for the three-dimensional reconstruction of ocean waves[J]. IEEE Transactions on Geoscience and Remote Sensing,2011,49(11):4445-4457.

[149] BEN-ARI R,SOCHEN N. Stereo matching with mumford-shah regularization and occlusion handling[J]. IEEE Transactions on Pattern Analysis and Machine Intelligence,2010,32(11):2071-2084.

[150] RALLI J,DAZ J,ROS E. Spatial and temporal constraints in variational correspondence methods[J]. Machine Vision and Applications,2013,24(2): 275-287.

[151] 范大昭,申二华,李禄,等. 基于相位相关的小基高比影像匹配方法[J]. 测绘科学技术学报,2013,30(2):154-157.

[152] HALLER I,NEDEVSCHI S. Design of interpolation functions for subpixel-accuracy stereo-vision systems [J]. IEEE Transactions on Image Processing,2012,21(2):889-898.

[153] HE K M,SUN J,TANG X O. Guided image filtering [J]. IEEE Transactions on Pattern Analysis and Machine Intelligence,2013,35(6):1397-1409.

[154] HOSNI A,RHEMANN C,BLEYER M,et al. Fast cost-volume filtering for visual correspondence and beyond[J]. IEEE Transactions on Pattern Analysis and Machine Intelligence,2013,35(2):504-511.

[155] XU L F,AU O A,SUN W S,et al. Stereo matching with optimal local adaptive radiometric compensation[J]. IEEE Signal Processing Letters,2015, (2): 131-135.

[156] CHEN D M,ARDABILIAN M,CHEN L M. A fast trilateral filter-based adaptive support weight method for stereo matching[J]. IEEE Transactions on Circuits and Systems for Video Technology,2015,25(5):730-743.

[157] BONTAR J,LECUN Y. Stereo matching by training a convolutional neural network to compare image patches [J]. Journal of Machine Learning Research, 2015,17(1):2287-2318.

[158] CHOPRA S,HADSELL R,LECUN Y. Learning a similarity metric discriminatively with application to face verification[C]// Proceedings of IEEE Computer Society Conference on Computer Vision and Pattern Recognition. New York:IEEE, 2005:539-546.

[159] ZAGORUYKO S,KOMODAKIS N. Learning to compare image patches via convolutional neural network[C]// Proceedings of IEEE Conference on Computer Vision and Pattern Recognition. New York:IEEE, 2015:4353-4361.

[160] CHEN Z Y,SUN X,WANG L. A deep visual correspondence embedding model

for stereo matching costs[C]// Proceedings of IEEE International Conference on Computer Vision. New York:IEEE, 2015:972-980.

[161] HE K M,ZHANG X Y,REN S Q,et al. Deep residual learning for image recognition[C]// Proceedings of IEEE Conference on Computer Vision and Pattern Recognition. New York:IEEE, 2016:770-778.

[162] HUANG G,LIU Z,MAATEN L V D.Densely connected convolutional networks[C]// Proceeding of IEEE Conference on Computer Vision and Pattern Recognition. New York:IEEE, 2017:2261-2269.

[163] 肖进胜,田红,邹文涛,等. 基于深度卷积神经网络的双目立体视觉匹配算法[J]. 光学学报,2018,38(8):179-185.

[164] SHAKED A,WOLF L. Improved stereo matching with constant highway networks and reflective confidence learning [C]// Proceeding of IEEE Conference on Computer Vision and Pattern Recognition. Hawaii:IEEE,2017:6901-6910.

[165] FU J,LIU J,TIAN H J,et al. Dual attention network for scene segmentation[C]// Proceedings of IEEE Conference on Computer Vision and Pattern Recognition. New York:IEEE, 2019:3141-3149.

[166] YIN M H,YAO Z L,CAO Y,et al. Disentangled non-local neural networks[C]// Proceedings of European Conference on Computer Vision. Hawaii:Springer, 2020: 5000-5010.

[167] CAO Y,XU J R,LIN S,et al. GCNet:Non-local networks meet squeeze-excitation networks and beyond[C]// Proceedings of IEEE International Conference on Computer Vision Workshop. New York:IEEE, 2019:1971-1980.

名 词 索 引

K

L

M

N

P

Q

区域拟合　3.3

R

Rank 转换　1.2
ReLU 层　10.1

S

SAD　1.2
Siamese 网络　10.1
Sobel 滤波　1.2
SSD　1.2
扫描行　1.2
摄像机内部参数　2.2
摄像机外部参数　2.2
摄影基线　1.2
摄影几何　2.1
视差　1.1
视差空间图　5.2
视差求精　1.2
视差求精网络　11.3
视差驱动的正则项　4.1
数据项　1.2
数字等高模型　3.1
双边滤波　10.4

T

特征层　10.1
"条纹"现象　5.1
同名极线　2.3
透视投影　2.2
图切　1.2
图像驱动的正则项　4.1

W

Winer-Take-All　1.2
唯一性约束　1.2

X

先验选取方法　4.1

附 录 部分彩图

(a) 真实视差图　　　　(b) MARC结果　　　　(c) REG–MARC结果

(d) MERGE–MARC结果　　　(e) 图割结果　　　(f) 可信点支撑窗口大小

(g) 可信点视差　　　　　(h) 稠密视差图

图 3.6　Toulouse 实验结果对比

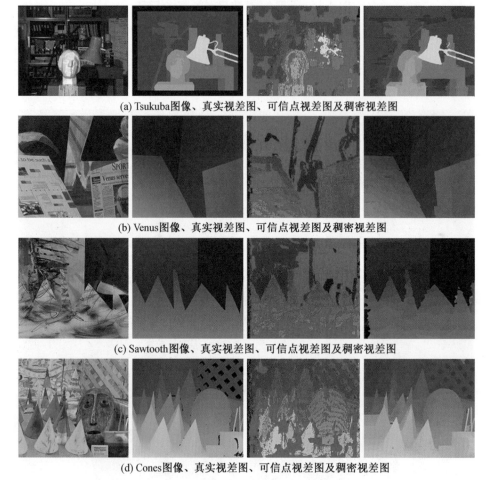

(a) Tsukuba图像、真实视差图、可信点视差图及稠密视差图

(b) Venus图像、真实视差图、可信点视差图及稠密视差图

(c) Sawtooth图像、真实视差图、可信点视差图及稠密视差图

(d) Cones图像、真实视差图、可信点视差图及稠密视差图

图 3.7　Middlebury 立体像对的实验结果

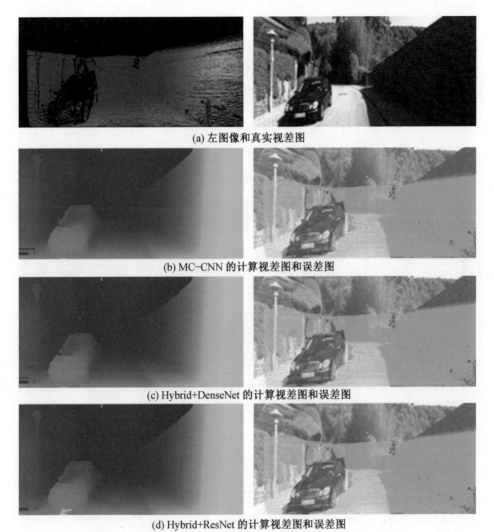

(a) 左图像和真实视差图

(b) MC–CNN 的计算视差图和误差图

(c) Hybrid+DenseNet 的计算视差图和误差图

(d) Hybrid+ResNet 的计算视差图和误差图

图 10.4 MC–CNN 和混合网络的计算视差图

(a) 左图像和真实视差图

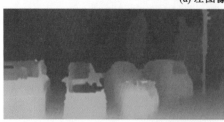

(b) 所提方法的计算视差图和误差图

(c) CHNRCL方法的计算视差图和误差图

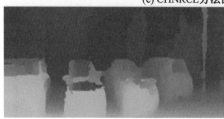

(d) MC–CNN 方法的计算视差图和误差图

图 10.5　KITTI 2012 视差图对比

(a) 左图像和真实视差图

(b) 所提方法的计算视差图和误差图

(c) CHNRCL方法的计算视差图和误差图

(d) MC-CNN方法 的计算视差图和误差图

图 10.6 KITTI 2015 视差图对比

(a) CNet视差图　　　　　　　　(b) CNet+DRNet视差图

(c) CNet误差图　　　　　　　　(d) CNet+DRNet误差图

图 11.5　CNet 网络与 DRNet 网络视差图对比

(a) MC–CCN方法的误差图及预测视差图

(b) GCNet方法的误差图及预测视差图

(c) PSMNet方法的误差图及预测视差图

(d) 所提方法的误差图及预测视差图

图 11.6　KITTI 2012 实验结果对比

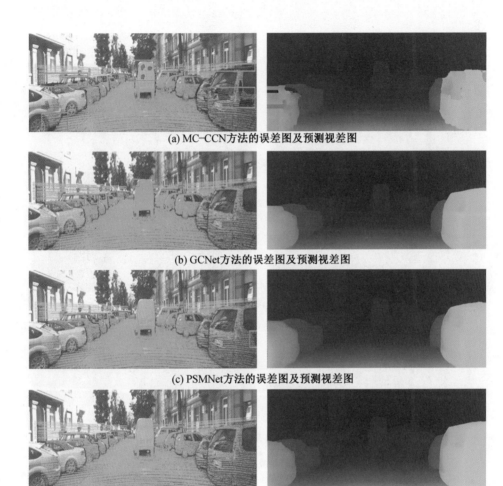

(a) MC–CCN方法的误差图及预测视差图

(b) GCNet方法的误差图及预测视差图

(c) PSMNet方法的误差图及预测视差图

(d) 所提方法的误差图及预测视差图

图 11.7　KITTI 2015 实验结果对比

(a) GCNet方法的误差图及预测视差图

(b) PSMNet方法的误差图及预测视差图

 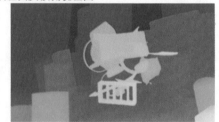

(c) 所提方法的误差图及预测视差图

图 11.8　SceneFlow 实验结果对比